Rheinisch-Westfälische Akademie der Wissenschaften

Natur-, Ingenieur- und Wirtschaftswissenschaften   Vorträge · N 327

Herausgegeben von der
Rheinisch-Westfälischen Akademie der Wissenschaften

HANS-HEINRICH STILLER
Das Projekt Spallations-Neutronenquelle

KLAUS PINKAU
Stand und Aussichten der Kernfusion
mit magnetischem Einschluß

Westdeutscher Verlag

317. Sitzung am 6. Juli 1983 in Düsseldorf

CIP-Kurztitelaufnahme der Deutschen Bibliothek

Stiller, Hans-Heinrich:
Das Projekt Spallations-Neutronenquelle / Hans-Heinrich Stiller. Stand und Aussichten der Kernfusion mit magnetischem Einschluß / Klaus Pinkau. - Opladen: Westdeutscher Verlag, 1984.
  (Vorträge / Rheinisch-Westfälische Akademie der Wissenschaften: Natur-, Ingenieur- u. Wirtschaftswiss.; N 327)

NE: Pinkau, Klaus: Stand und Aussichten der Kernfusion mit magnetischem Einschluß; Rheinisch-Westfälische Akademie der Wissenschaften (Düsseldorf): Vorträge / Natur-, Ingenieur- und Wirtschaftswissenschaften

© 1984 by Westdeutscher Verlag GmbH Opladen

Herstellung: Westdeutscher Verlag

ISBN-13:978-3-531-08327-8   e-ISBN-13:978-3-322-85273-1
DOI: 10.1007/978-3-322-85273-1

Inhalt

Hans-Heinrich Stiller, Jülich/Münster
Das Projekt Spallations-Neutronenquelle

1. Einleitung: Was ist Spallation?	7
2. Wünsche an eine Spallationsquelle	9
3. Realisierung	12
4. Wozu viele Neutronen?	16
Anhang: Zwei Beispiele für die Feststellung des Zusammenwirkens von Teilchen	21
A 1. Korrelationen in Brownschen Drehbewegungen	22
A 2. Wie geht Polymerisation vor sich?	25
Literatur	27

Diskussionsbeiträge

Professor Dr. rer. nat. *Werner Schreyer;* Professor Dr. rer. nat. *Hans-Heinrich Stiller;* Professor Dr. rer. nat. *Dietrich H. Welte;* Professor Dr. rer. nat. *Joachim Treusch;* Professor Dr. rer. nat. *Klaus Lübelsmeyer;* Professor Dr. phil. *Klaus Pinkau;* Dipl.-Ing., Präsident *Eckart Reiche;* Professor Dr. rer. nat. *Helmut Faissner;* Professor Dr. rer. nat. *Wilfried B. Holzapfel;* Professor Dr. rer. nat. *Horst Rollnik;* Professor Dr. rer. nat. *Andreas Otto;* Professor Dr. rer. nat. *Ulrich Bonse* 28

Klaus Pinkau, Garching
Stand und Aussichten der Kernfusion mit magnetischem Einschluß

Stand der Fusion	37
Aussichten der Fusion	41

Diskussionsbeiträge

Professor Dr. rer. nat. *Horst Rollnik;* Professor Dr. phil. *Klaus Pinkau;* Professor Dr.-Ing. *Manfred Depenbrock;* Professor Dr.-Ing. *Herbert Döring;*

Professor Dr. rer. nat. *Tasso Springer;* Professor Dr. rer. nat. *Hans-Heinrich Stiller;* Professor Dr. rer. nat. *Rudolf-Wilhelm Larenz;* Professor Dr. rer. nat. *Werner Schreyer* 43

Das Projekt Spallations-Neutronenquelle

Von *Hans-Heinrich Stiller*, Jülich/Münster

1. Einleitung: Was ist Spallation?

Wenn ein Teilchen, z. B. ein Proton, mit einer Energie zwischen etwa 0,2 und 2 GeV in einen Atomkern eindringt, so ist die wahrscheinlichste Reaktion, daß der Kern einen großen Teil seiner Bausteine abdampft. Der Rest zerfällt in größere Bruchstücke. Der Kern zersplittert, wie manche Minerale beim Aufschlag eines Hammers; daher die Bezeichnung „Spallation". Wieviele Kernbausteine freigesetzt werden, mit welchen Energien sie wegfliegen, und was für Isotope als Restbruchstücke zurückbleiben, das hängt von der Massenzahl des Kerns und von Art und Energie des primär eindringenden Teilchens ab. Die Abbildung 1b zeigt die Zahl der aus den Kernen Pb-207 und U-238 durch Beschuß mit Protonen freigesetzten Neutronen als Funktion der Energie der Primärprotonen. Außerdem entstehen bei dem Prozeß Pionen und durch deren Zerfall Müonen und Neutrinos. Die Reaktion ist in Abb. 2 schematisch dargestellt.

Die Kernspallation unterscheidet sich von der Kernspaltung in der Hauptsache in vier Hinsichten:

– Bei der Kernspallation entstehen nicht nur wie bei der Spaltung freie Neutronen und (durch spontane Umwandlungen von Spaltprodukten) β-Neutrinos, sondern auch Protonen und Pionen und, durch den Pionenzerfall, Müonen und μ-Neutrinos.

– Das Spektrum der Spallationsprodukte (der als Restkerne verbleibenden Isotope) ist anders als das der Spaltprodukte.

– Für schwere Kerne werden pro Einzelprozeß mehr Neutronen frei als bei der Kernspaltung, und die pro freiwerdendem Neutron freiwerdende Wärme ist geringer (siehe Abb. 1a). Das macht im Prinzip die Erzeugung höherer Neutronenflüsse möglich; denn die technische Grenze für erreichbare Neutronen-Flußstärken liegt in der Abführbarkeit der entstehenden Wärme. Diese Grenze ist für Spaltungsquellen mit Höchstflußreaktoren wie dem deutsch-französisch-britischen in Grenoble praktisch erreicht.

– Von den freiwerdenden Protonen und Neutronen haben nur wenige genug Energie, um ihrerseits weitere Kernspallationen auszulösen. Es kann nicht zu einer Kettenreaktion kommen. Das hat zwei wichtige Konsequenzen. Erstens: eine Spal-

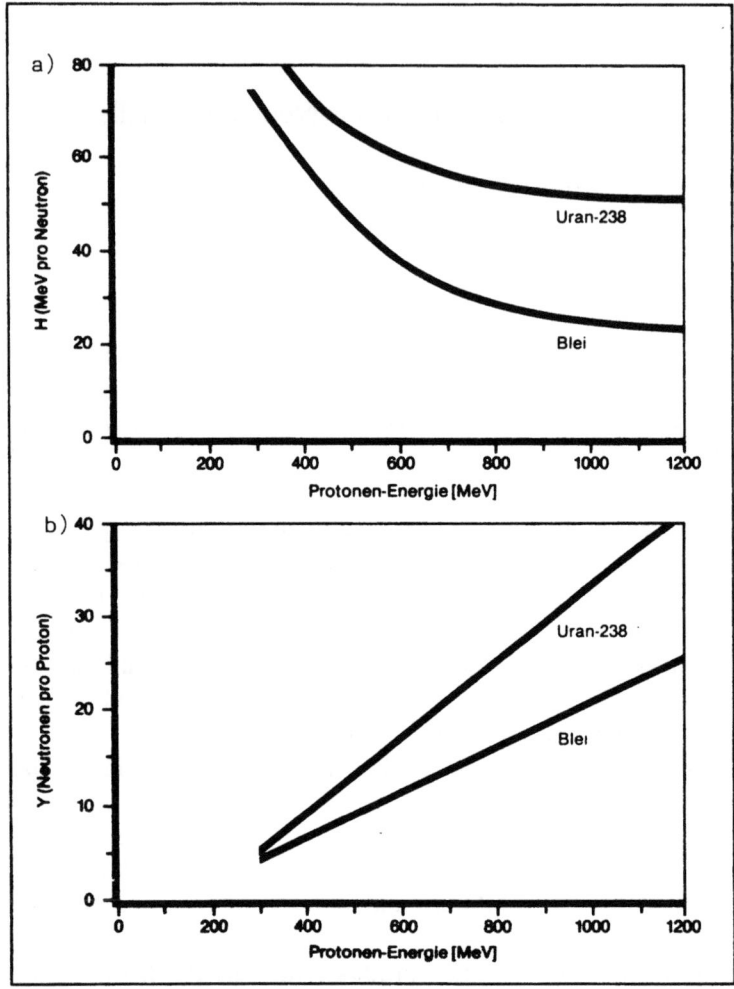

Abb. 1: a) Die bei der Spallation pro freigesetztem Neutron freiwerdende Wärme H als Funktion der Protonenenergie.
b) Zahl der pro einfallendem Proton durch Spallation freigesetzten Neutronen als Funktion der Protonenenergie.

lationsanlage ist immer unkritisch. Zweitens: die für die Spallation erforderliche Energiezufuhr (zur Beschleunigung der auslösenden Primärteilchen) kann moduliert werden; so ist auch den entstehenden Teilchenflüssen – Neutronen, Protonen, Müonen und Neutrinos – eine zeitliche Variation aufprägbar.

Wir werden im folgenden sehen, daß diese vier Unterschiede gegenüber der Kernspaltung für Forschungszwecke wesentliche Vorteile bedeuten.

Das Projekt Spallations-Neutronenquelle

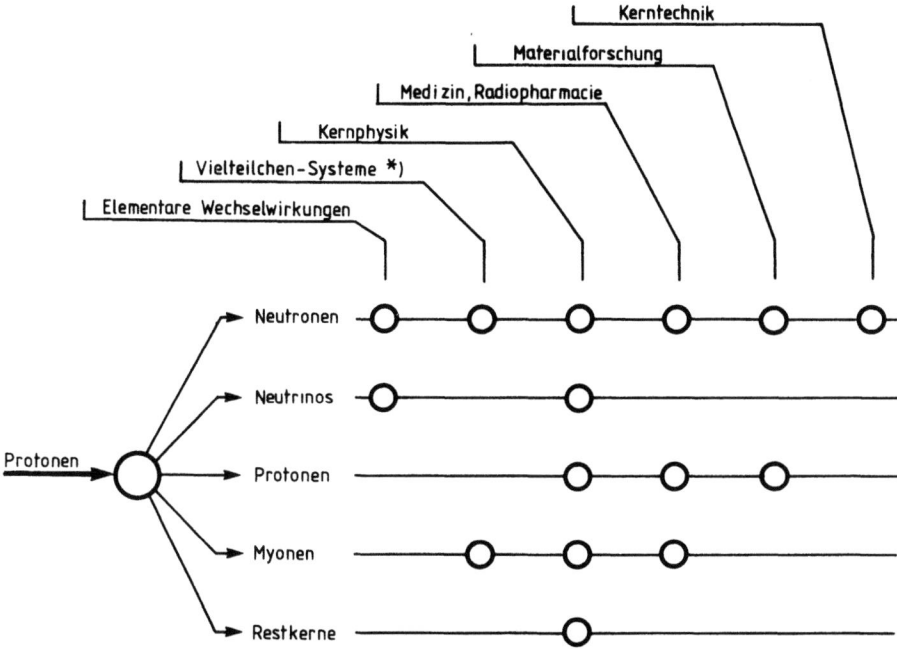

Abb. 2: Forschungsgebiete, für die die Spallationsprodukte (Neutronen, Protonen, Pionen, Müonen, Neutrinos, Restkerne) und die primären Protonen genutzt werden. * Neutronenstreuung: Festkörperforschung, Chemie, Biologie.

Für die Energietechnik ist der letztgenannte Unterschied natürlich ein Nachteil. Auch bei der Spallation wird insgesamt zwar mehr Energie frei als zu ihrer Auslösung zugeführt werden muß, aber eine Spallationsquelle brennt nicht wie ein Ofen (oder wie ein Kernreaktor), sondern muß ständig neu gezündet werden. Es gibt jedoch Studien über die Nutzung der Spallation als ein zumindest energieautarkes Instrument zur Erzeugung von Spaltstoff und auch zur Umwandlung von langlebigen Spaltprodukten in kurzlebige Isotope. Diese Nutzung würde eine langfristige technische Entwicklungsarbeit erfordern, aber hätte dann Vorteile; z. B. für die Spaltstofferzeugung den Vorteil, daß die Technologie mit beliebigen Zeitvorgaben, also auch in kleinen Schritten, ökonomisch einführbar ist.

2. Wünsche an eine Spallationsquelle

Sinn und Zweck einer Spallationsquelle für Forschungszwecke ist die Freisetzung der in Abb. 2 aufgeführten Teilchen in möglichst hohen Flußstärken. Die Abb. 2 zeigt, für welche Forschungsgebiete die Teilchen genutzt werden können und genutzt werden sollen. Die erreichbaren hohen Flußstärken sind besonders für Experimente mit Neutrinos und für Experimente mit Neutronen erforderlich: für Neutrino-Experimente, weil die Neutrinos mit Materie nur sehr schwach in

Wechselwirkung treten, und weil deshalb sehr viele Neutrinos vorhanden sein müssen, um ihr Vorhandensein überhaupt nachweisen zu können; für Neutronen-Experimente aus Gründen, die im vierten Abschnitt erläutert werden sollen. An eine neu zu planende deutsche Quelle wurde also die Forderung gestellt,

– daß sie die flußstärkste Quelle von Neutronen und Pionen (und damit Müonen und Neutrinos) für Forschungszwecke werden soll; ferner natürlich
– daß die zeitliche Variabilität der Flüsse den experimentellen Erfordernissen bestmöglich angepaßt ist, und
– daß die verschiedenartigen Nutzungen sich nicht gegenseitig beeinträchtigen.

Die erste Forderung wurde dann dahin spezifiziert, daß die Anlage für den thermischen Neutronenfluß dem Grenobler Höchstflußreaktor schon im Zeitmittel mindestens gleichkommen, wenn nicht ihn übertreffen soll:

$$<\Phi_{th}> \gtrsim 10^{15} \text{ n cm}^{-2}\text{s}^{-1}. \tag{1}$$

Die Forderung bedeutet, daß man nicht, etwa zur Verbesserung des nominellen Wirkungsgrades der Maschine, die Spallation nur zur gepulsten Auslösung von Spaltung benutzen wird (Booster-Konzept) wie z. B. in Rußland geplant. Eine solche Anlage würde weder viele Protonen verfügbar machen noch Müonen und μ-Neutrinos produzieren und hinsichtlich der Neutronenflüsse natürlich an genau die gleiche Grenze stoßen wie ein Reaktor.

Die zweite Forderung, nach einer optimalen zeitlichen Variabilität der Flüsse, wird hauptsächlich von drei Wünschen bestimmt:
– von Wünschen für die Flugzeit-Spektrometrie mit Neutronen,
– von Wünschen für Müon-Spinresonanz-Messungen und
– von dem Wunsch, β- und μ-Neutrinos getrennt messen zu können.

Die Flugzeit-Spektrometrie mit Neutronen ist in Abb. 3 dargestellt. Neutronen einer bestimmten Energie E_0 treffen auf eine zu untersuchende Probe, und die Energieänderung $\Delta E = E_0 - E'$, die sie bei der Streuung erfahren, wird gemessen an den Flugzeiten t', die sie brauchen, um von der Probe über eine Strecke s' zu Detektoren zu gelangen:

$$t' = \frac{s'}{v'} = s' \left(\frac{m}{2E'}\right)^{1/2}$$

(m = Masse des Neutrons). Für diesen Neutronen-Wettlauf muß der eintreffende Neutronenstrahl gepulst sein. Die Pulsdauer, $\Delta t'$, wünscht man sich natürlich möglichst klein, denn sie bestimmt die Genauigkeit der Messung. Die zeitlichen Abstände der Pulse, τ, sollen, um die gesamte Meßzeit klein zu halten, natürlich auch möglichst kurz sein, aber doch so lang, daß die schnellsten Neutronen in einem Puls die Detektoren nicht früher erreichen als die langsamsten aus dem vorangegangenen. Das in der Unterschrift zu Abb. 3 gegebene Beispiel zeigt, daß $\tau = 10^{-2}$ s

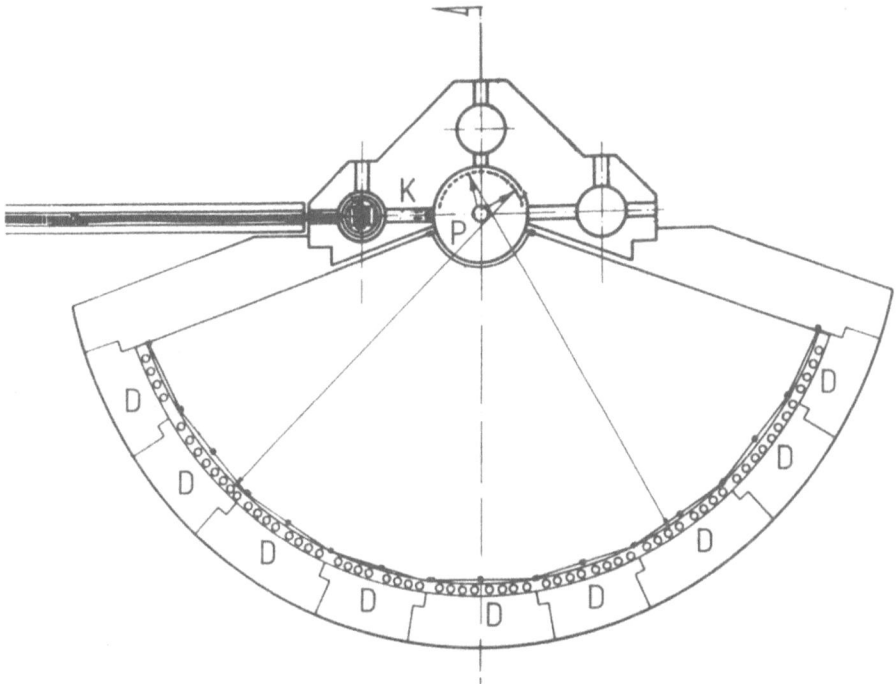

Abb. 3: Flugzeit-Spektrometer für thermische und subthermische Neutronen. Neutronen einer bestimmten Geschwindigkeit v_0 treffen aus dem Kanal K in Pulsen auf die Probe P. Bei der Streuung in P ändern sich ihre Flugrichtung und -geschwindigkeit. Die Richtungs- und die Geschwindigkeitsverteilung nach der Streuung werden mit den Detektoren D gemessen. An den Detektoren werden die Zeiten registriert, zu denen die Neutronen ankommen. Der Pulsabstand muß so bemessen werden, daß

$$\tau \geq \frac{s'}{v_{min}} - \frac{s'}{v_{max}},$$

wenn s' der Abstand PD ist, v_{min} die Geschwindigkeit der langsamsten, v_{max} die der schnellsten Neutronen. Typische Werte: $s'=5$ m, $v_{min}=500$ ms^{-1}, $v_{max}=3000$ ms^{-1}; woraus folgt $\tau \geq 8{,}4$ ms. Wenn für die Pulsdauer gefordert wird $\Delta t \times v_{min}/s' \leq 10^{-3}$, folgt $\Delta t \leq 1$ µs.

ein in vielen Fällen optimaler Wert ist, und daß man sich in der Regel eine Pulsdauer Δt von höchstens 10^{-6}–10^{-5} s wünschen wird. 10^{-2} s ist auch im Hinblick auf die Untergrundverhältnisse ein günstiger Pulsabstand. Messungen haben gezeigt, daß der von jedem Puls erzeugte allgemeine Strahlungsuntergrund nach etwa 10^{-3} s praktisch völlig abgeklungen ist.

Die Müon-Spinresonanz-Experimente und etliche Neutrino-Experimente brauchen noch kürzere Pulse: $\Delta t \ll 2{,}2 \times 10^{-6}$ s, die Lebensdauer des positiven Müons. Mit Pulsen, die diese Bedingung erfüllen, können Spinresonanz-Messungen mit vielen Müonen gleichzeitig durchgeführt werden, während sonst die aus der Positronen-Winkelverteilung beim Zerfall ableitbare Information über innere Felder in der Probe nur eindeutig ist, wenn innerhalb einer Lebensdauer bloß ein Müon sich in der Probe aufhält. Für Neutrino-Experimente können unter der obigen Bedingung Neutrino-Sorten getrennt beobachtet werden, entsprechend der Zerfallsgleichung:

$$\pi^+ \xrightarrow{2.6 \times 10^{-8}\,s} \mu^+ + \nu_\mu$$

$$\mu^+ \xrightarrow{2.2 \times 10^{-6}\,s} e^+ + \nu_e + \bar\nu_\mu$$

(π^+=Pion, μ^+=Müon, ν_μ=μ-Neutrino, ν_e=β-Neutrino, $\bar\nu_\mu$=μ-Antineutrino, e^+=Positron).

Die getrennte Beobachtbarkeit ist von besonderer Bedeutung z. B. bei der Prüfung der so aufregenden Vermutung, daß es Neutrino-Oszillationen gibt: daß ν_e und ν_μ sich ineinander umwandeln.

Insgesamt wird von der Quelle also eine Zeitstruktur aus Pulsen von

$$\tau \simeq 10^{-2}\,s \text{ zeitlichem Abstand und} \tag{2}$$

$$\Delta t \simeq 10^{-7}\,s \text{ Pulsdauer,} \tag{3}$$

verlangt.

Die dritte Forderung – daß die verschiedenartigen Nutzungen sich nicht gegenseitig beeinträchtigen – ist leicht zu erfüllen. Im Haupttarget, in der Targethalle (Abb. 4), werden die Neutronen und die Neutrinos unabhängig voneinander produziert, die Neutronen werden in der Ebene auf der Höhe des Targets und oberhalb des Targets genutzt, die Neutrinos – schon aus Abschirmungsgründen – unterhalb des Targets. Die Nebentargets für die Mittelenergie-Physik, die Kernchemie und die Medizin verbrauchen nur kleine Anteile des Protonenstroms.

3. Realisierung

Um die Forderung (1) zu erfüllen, ist – wie man aus Ausbeutekurven nach Abb. 1 entnimmt – mit Protonen als Primärteilchen im Zeitmittel mindestens eine Strahlleistung von 5,5 MW nötig. Eine solche Strahlleistung und die mit (2) geforderte Wiederholfrequenz von 100 Hz sind nur mit einem Linearbeschleuniger zu erreichen. Ein Linearbeschleuniger derzeit realisierbarer Bauweise, ein Hochfrequenz-Driftröhren-Linac, erreicht aber ohne Intensitätsverzicht nicht so kurze Pulsdauern, $\Delta t \simeq 10^{-7}\,s$, wie mit (3) verlangt. Darum ist vorgesehen, dem Linearbeschleuniger einen Protonenkompressor, ähnlich einem Speicherring, anzuschließen.

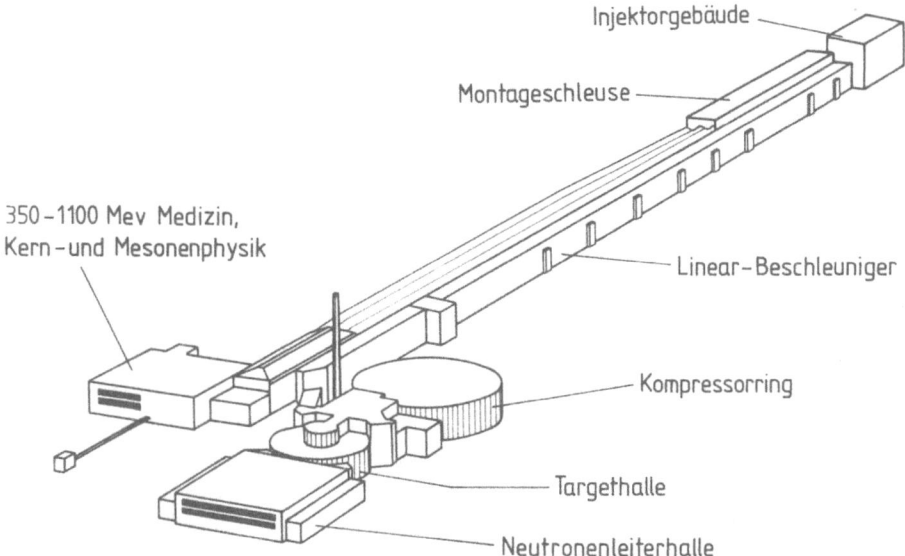

Abb. 4: SNQ-Gesamtanlage: Protonen oder H⁻-Ionen werden in einem Linac von etwa 600 m Länge auf 1100 MeV beschleunigt, in Pulsen von 250 μs Dauer mit einer Wiederholfrequenz von 100 Hz bei einer mittleren Stromstärke von 5 mA. Bei verschiedenen Energien werden relativ kleine Anteile des Stroms für Zwecke der Kernphysik und -chemie, der Materialforschung, der medizinischen Bestrahlungstherapie und der Müonen- und Neutrino-Physik abgezweigt. Der Hauptteil des Strahls wird in einen Kompressorring (zur Verdichtung der Pulse auf 0,2 μs Dauer) und von dort auf das Haupttarget gelenkt. Das Haupttarget dient in erster Linie der Produktion von Neutronen für die Vielteilchen-Forschung. Die Anlage soll so gebaut werden, daß sie bereits bei einem Ausbau des Linac auf 350 bis 500 MeV wissenschaftlich genutzt werden kann; gleichzeitig mit der Fertigstellung des Linac auf 1100 MeV und mit der Beistellung des Kompressors.

Abb. 4 zeigt die Gesamtanlage. Hauptparameter für den Protonenstrahl sind:

Endenergie	1100 MeV
Stromstärke im Zeitmittel	5 mA
Zeitlicher Pulsabstand	10 ms
Pulsdauer im Linac	250 μs
Pulsdauer nach Kompression	200 ns.

Die Endenergie wurde zu 1,1 GeV gewählt, weil für diese Energie die Wärmeerzeugung bei der Spallation pro freigesetztem Neutron minimal ist (Abb. 1a), und weil diese Energie auch mindestens nötig ist zur Injektion in einen Kompressor vernünftiger Abmessung. Alle anderen obigen Parameterwerte ergeben sich mit dieser Wahl für die Endenergie aus der Forderung (1), also 5,5 MW Strahlleistung im Zeitmittel, und den Forderungen (2) und (3). Als Alternative wird erwogen, im Linearbeschleuniger sich auf eine niedrigere Energie, etwa 600 MeV, zu beschränken und die Endenergie von 1100 MeV durch Nachbeschleunigung in einem Ring zu erreichen, also den Kompressor durch einen Ringbeschleuniger zu ersetzen. Mit U-238 als Targetmaterial ergeben die obigen Daten einen thermischen Neutronenfluß

$$< \Phi_{th} > = 1{,}4 \times 10^{15} \text{ cm}^{-2}\text{s}^{-1} \text{ im Zeitmittel}, \quad \hat{\Phi}_{th} = 7{,}5 \times 10^{16} \text{ cm}^{-2}\text{s}^{-1} \text{ im Puls}.$$

In Tabelle 1 sind diese Werte mit denen von zwei besonders flußstarken Forschungsreaktoren, dem HFR in Grenoble und dem gepulsten Reaktor IBR II in Dubna, sowie mit den von der englischen Spallationsquelle SNS erwarteten Werten verglichen. Die Unterschiede gegenüber der SNS rühren hauptsächlich her von der dort um eine Größenordnung niedrigeren Protonen-Stromstärke und um einen Faktor 2 niedrigeren Wiederholfrequenz sowie von der für die SNS vorgesehenen Absorption von Neutronen während ihrer Abbremsung auf niedrige Energien. Diese Absorption ist nötig, wenn die Aufenthaltsdauer der Neutronen in den Abbremsvolumina so kurz sein soll, daß die Neutronenpulse unmittelbar für Flugzeit-Messungen benutzt werden können. Bei der deutschen Anlage hat man sich entschlossen, eine Verbreiterung der Neutronenpulse auf die natürliche mittlere Aufenthaltsdauer in den Abbremsvolumina, etwa 100 µs, und damit die Notwendigkeit nachträglicher Pulsformung in Kauf zu nehmen.

Für die Müonen und die beiden Neutrinosorten wird bei der SNQ im Endausbau eine Quellstärke von je 4×10^{15} s^{-1} erwartet.

Die vorstehenden Werte zu erreichen, verlangt eine Reihe von technischen Neu- oder Weiterentwicklungen sowohl im Beschleunigerbau als auch für die Auslegung des Targets. Hierzu verweisen wir auf mehrere technische Berichte [1].

Tabelle 1: Vergleich thermischer Neutronenflüsse an den flußstärksten im Betrieb oder im Bau befindlichen Neutronenquellen
Für eine Bewertung vom Standpunkt der Nutzung zu Streuexperimenten sind vor allem die Zahlen in der ersten Zeile (Φ) und in der untersten Zeile ($\hat{\Phi} \times \nu$) maßgeblich.

	HFR (ILL)	IBR II	SNS	SNQ
Therm. Neutronenfluß im Zeitmittel Φ (cm^{-2}s^{-1})	10^{15}	2×10^{13}	7×10^{12}	$1{,}4 \times 10^{15}$
Therm. Neutronenfluß im Puls $\hat{\Phi}$ (cm^{-2}s^{-1})	10^{15}	2×10^{16}	$4{,}5 \times 10^{15}$	$7{,}5 \times 10^{16}$
Wiederholfrequenz ν (s^{-1})	–	5	50	100
$\hat{\Phi} \times \nu$ (10^{17} cm^{-2}s^{-2})	1.0*	1.0	2.2	75.0

*) Bei einer Flugzeitmessung mit 100 Hz Pulsfrequenz

HFR (ILL) = Höchstflußreaktor am Institut Laue-Langevin, Grenoble
IBR II = Gepulster Hochflußreaktor, Dubna, UdSSR
SNS = Spallation Neutron Source, Rutherford-Appleton Laboratory, Großbritannien
SNQ = Spallations-Neutronenquelle Jülich

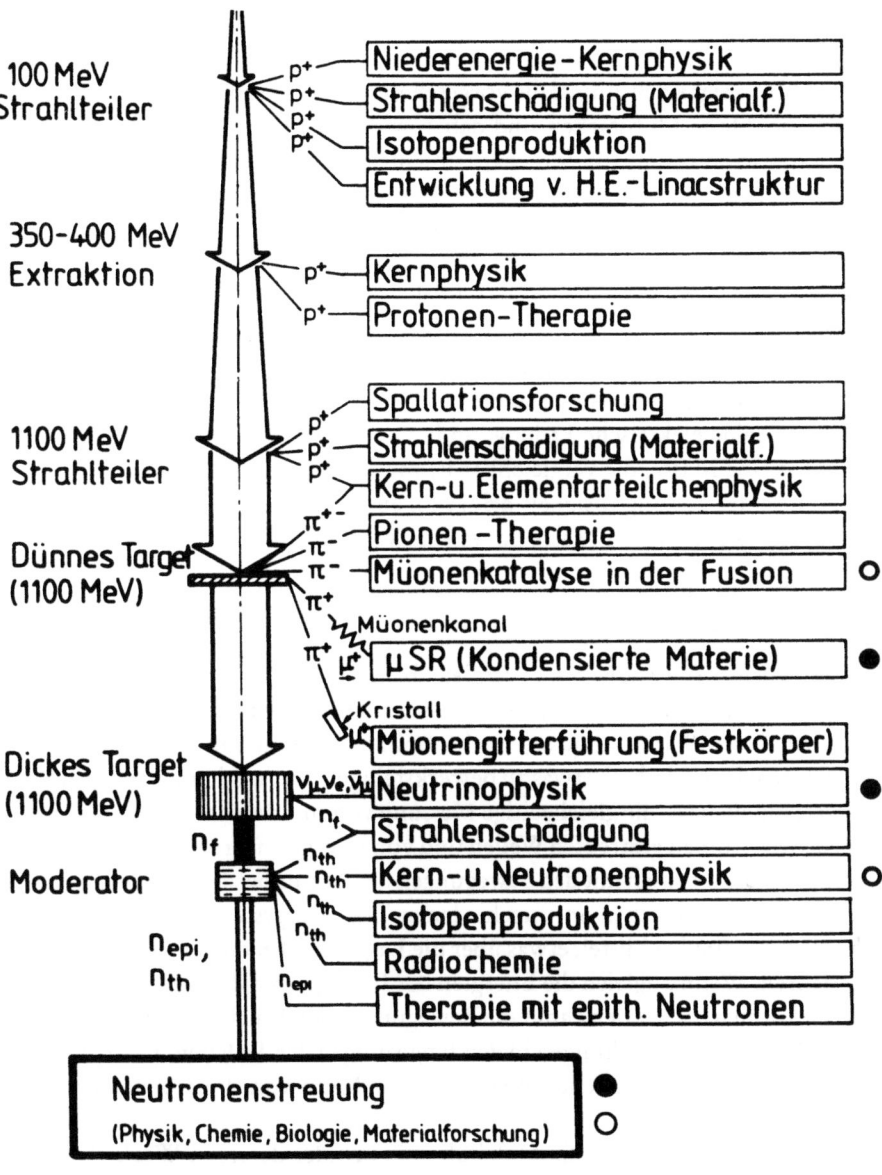

Abb. 5: Nutzung von Protonen (p⁺), Pionen (π^+, π^-), Müonen (μ^+, μ^-), Neutrinos (ν_μ, ν_e), schnellen Neutronen (n_f), mittelschnellen Neutronen (n_{epi}) und langsamen Neutronen (n_{th}). (Zu Abschnitt 4, folgende Seite.)

4. Wozu viele Neutronen?

Die Abb. 5 zeigt noch einmal die vorgesehenen Nutzungen der deutschen Spallationsquelle. Hohe Flußstärken sind dabei, wie schon gesagt, besonders für Neutrino-Experimente und für Streuexperimente mit thermischen und subthermischen Neutronen gefordert; für Neutrino-Experimente wegen der sehr schwachen Wechselwirkung zwischen Neutrinos und Materie (Abschnitt 2), für Streuexperimente mit Neutronen, weil nur mit sehr großer „Lichtstärke" die dabei im Prinzip erhältlichen Informationen auch tatsächlich erhältlich sind. Das soll im folgenden gezeigt werden.

Das Neutron ist aus verschiedenen Gründen eine einzigartige Sonde in Materie. Die beiden wichtigsten Gründe sind:
- es hat keine elektrische Ladung, und
- es hat eine Masse, die vergleichbar ist mit der Masse von Atomen.

Wegen seiner Ladungslosigkeit dringt es, auch mit niedriger Energie E, tief in Materie ein. Wegen seiner Masse hat es eine Wellenlänge

$$\lambda = \frac{h}{mv} = \frac{h}{(2mE)^{1/2}} , \qquad (4)$$

die bei niedriger Energie ($E \simeq kT$) vergleichbar ist mit den Abständen benachbarter Atome in Materie. (m = Neutronenmasse, v = Geschwindigkeit des Neutrons, h = Planck'sches Wirkungsquantum, k = Boltzmann-Konstante, T = Temperatur). Mit Neutronen ist deshalb etwas zu bewerkstelligen, was mit keiner anderen Strahlungsart möglich ist: die gleichzeitige Messung von Interferenzen zwischen an verschiedenen Atomen gestreuten Wellen und von Energieänderungen, die die Wellen durch Energieaustausch mit den Bewegungen der Atome bei der Streuung erfahren.

Interferenzen zwischen an verschiedenen Teilchen gestreuten Wellen sind bekanntlich das einzige Mittel, etwas über die Lagen der Teilchen relativ zueinander zu erfahren. Wenn zugleich die Energien der Bewegungen der Teilchen analysiert werden können, so werden damit die Bewegungen der Teilchen relativ zueinander feststellbar: Phasenbeziehungen in den Bewegungen der Teilchen. Die Abb. 6 illustriert das an einem einfachen Beispiel, einer Kette von dreiatomigen linearen Molekülen.

In der Abbildung sollen die Moleküle miteinander derart in Wechselwirkung stehen, daß bei tiefer Temperatur ihre Schwerpunkte sich in gleiche Abstände und ihre Längsachsen sich in die gleiche Richtung anordnen (oberes Bild). Bei Zunahme der Temperatur mögen zunächst die Molekülachsen Auslenkungen erfahren. Die Moleküle geraten in Drehschwingungen, mit einer durch die Temperatur gegebenen Energie. Aber wegen der Kräfte, die zwischen ihnen wirken, beeinflussen sie sich dabei gegenseitig; sie schwingen in Phase. Eine Auslenkungswelle läuft in der

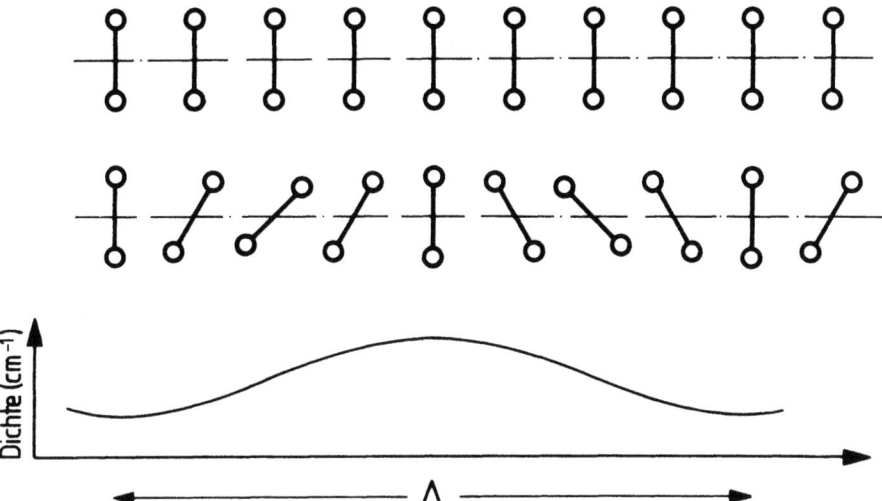

Abb. 6: Eine Kette von linearen dreiatomigen Molekülen; oben: in Ruhe, darunter: in einer kollektiven Schwingungsbewegung (Momentaufnahme einer Liberationsschwingung).

Kette hin und her. Es entstehen räumlich und zeitlich periodische Verdichtungen und Verdünnungen in den Atomreihen (unteres Bild). Die Streuung von Strahlung an diesem dynamischen Muster von Verdichtungen und Verdünnungen führt in der gestreuten Strahlung zu einem Interferenzmuster; wenn erstens die Bedingung erfüllt ist, daß die Wellenlänge der Strahlung

$$\lambda \simeq \Lambda \tag{5a}$$

(Λ = Abstand aufeinander folgender Verdichtungen in der Auslenkungswelle), und wenn zweitens die zur Beobachtung benutzte Welle die Verdichtungen und Verdünnungen durch die Auslenkungswelle immer am selben Ort sieht, d.h.: wenn die Frequenzänderung, die die zur Beobachtung benutzte Welle bei der Streuung erfährt, gleich ist der Frequenz der Auslenkungswelle oder, was dasselbe ist, die Energieänderung ΔE, die die Beobachtungswelle erfährt, gleich ist der Energie ε der Auslenkungswelle:

$$\Delta E = E_0 - E' = \varepsilon \simeq kT.$$

Wenn wir ΔE auf $\delta\Delta E = 10^{-2}$ kT genau messen wollen und eine relative Auflösung $\delta\Delta E/E_0 \approx 10^{-3}$ erreichen können, so verlangt das

$$E_0 \leq 10 \, kT. \tag{5b}$$

Die beiden für die Beobachtung der Bewegung notwendigen Bedingungen (5) zugleich zu erfüllen, ist praktisch nur mit Neutronen möglich. Die auf der molekularen Ebene interessanten Korrelationen umfassen Abstände zwischen 1 und 10^2 Å. Für solche Wellenlängen ($1 < \lambda < 10^2$ Å) ist die Energie elektromagnetischer Strahlung, $E^{em} = hc/\lambda$ (c = Lichtgeschwindigkeit)

$$10^6 \, kT \geq E_0^{em} \geq 10^4 \, kT$$

(kT ≈ 0,025 eV für Raumtemperatur).

Die Bedingung (5 b) ist also nicht mit elektromagnetischer Strahlung zu erfüllen, sondern nur mit Teilchenstrahlung, für die Gleichung (4) gilt.*
Für $1 \leq \lambda \leq 10^2$ Å ist

$10^2 \, kT \geq E_0 \geq 10 \, kT$ \hspace{2em} für Elektronen, und

$10^0 \, kT \geq E_0 \geq 10^{-1} \, kT$ \hspace{2em} für Protonen und Neutronen;

wobei aber Elektronen und Protonen so niedriger Energie als geladene Teilchen in kondensierte Materie praktisch gar nicht eindringen.

Mit Neutronen – und eigentlich nur mit Neutronen – sind also Phasenbeziehungen in den Bewegungen von Atomen und Molekülen untersuchbar, kooperative Bewegungen von Atomen und Molekülen, natürlich nicht nur in Schwingungsmoden, sondern ebenso in allen anderen Bewegungsarten: in Strömungsbewegungen, in diffusiven Bewegungen, in freien Drehbewegungen u. a. m. Dafür werden im Anhang zwei Beispiele beschrieben. Die Untersuchbarkeit dieser Bewegungskorrelationen ist meines Erachtens für die absehbare Zukunft von hervorragender Bedeutung, weil solche Korrelationen ja nichts anderes darstellen als die Mechanismen des Zusammenwirkens von Teilchen in Vielteilchen-Systemen, und weil im Verständnis dieses Zusammenwirkens sich große Erweiterungen anbahnen: auf biologische Systeme, auf räumlich und zeitliche periodische chemische Reaktionssysteme, auf Flußgleichgewichte, auf Nichtgleichgewichts-Zustände, „dissipative Strukturen", die Umwandlung von Ordnung in Chaos und von Chaos in Ordnung. Das so vielen makroskopischen Phänomenen zugrundeliegende Zusammenwirken vieler Teilchen ist meist ja nicht durch Zerlegung des Systems in einfachere Systeme oder durch Rückführung auf einfachere Vorläufer zu verstehen, sondern die Komplexität erfordert selbst eine tiefgehende Forschung. Wir beschränken uns hier auf die vorstehenden Argumente, um zu zeigen, warum gerade Neutronen für mikroskopische Untersuchungen über das Zusammen-

---

* Das Argument trifft selbstverständlich auch für die elektromagnetische Strahlung aus einem Synchrotron oder Speicherring zu; selbst wenn man annimmt, daß dort für 1 Å < λ < 100 Å $\delta\Delta E/E_0 \approx 10^{-5}$ zu erreichen ist, so daß für (5 b) $E_0 < 10^3$ kT genügte. – Eine Synchrotron-Strahlungsquelle ist ein für viele Zwecke der Grundlagen- und der angewandten Forschung außerordentlich interessantes Gerät, aber nicht eine Alternative zu einer Neutronenquelle. Gerade über Phasenbeziehungen in Bewegungen, also über das Zusammenwirken von Teilchen, kann die Synchrotron-Strahlung trotz hoher Intensität und hervorragender Kollimation keine vergleichbare Information liefern.

wirken von Atomen und Molekülen besonders geeignete Sonden sind. Hinsichtlich der genauen quantitativen Formulierung des Informationsgehalts von gestreuter Neutronenstrahlung verweisen wir auf die grundlegenden Arbeiten von VAN HOVE [2].

Neben dieser Anwendung auf fundamentale Fragen der Vielteilchen-Forschung dient die Neutronenstreuung natürlich auch praktischen Zwecken der Materialforschung, so der Strukturanalyse, vor allem in Fällen, die der Röntgenbeugung nicht oder nur schwer zugänglich sind, insbesondere
- bei der Bestimmung der Lagen von Wasserstoffatomen,
- bei der Bestimmung der Anordnung von Atomen in Stoffen aus im periodischen System benachbarten Elementen,
- bei der Bestimmung der Konformation und der Konformationsänderungen von Makromolekülen, zum Beispiel in Kunststoffen, polymeren Schmelzen, polymeren Lösungen und auch in biologischen Molekül-Aggregaten (Membranen, Ribosomen u. a. m.),
- bei der Bestimmung von magnetischen Strukturen und Anregungen.

Diese Anwendungen beruhen auf zwei weiteren besonderen Eigenschaften des Neutrons; die ersten drei darauf, daß die Wahrscheinlichkeit der Streuung an den Atomkernen nicht, wie die Streuwahrscheinlichkeit von Röntgenstrahlung, monoton von der Ladungszahl abhängt. Für Polymersysteme zum Beispiel wird es dadurch möglich, mit einem Austausch von Wasserstoff gegen Deuterium einzelne Moleküle sichtbar zu machen. So allein gelingt die Bestimmung etwa des Ribosomenaufbaus aus Proteinen und Nukleinsäuren. Die vierte Anwendung beruht darauf, daß die Neutronen, obwohl sie elektrisch neutral sind, doch ein magnetisches Moment besitzen. Sie werden so in Materie nicht nur an den Atomkernen, sondern auch an den magnetischen Momenten der Elektronen gestreut.

Die Anwendung der Neutronenstreuung zur molekularen Kartographie von biologischen Systemen verlangt hohe Intensität, weil fast immer das zur Verfügung stehende Probevolumen und meist auch die Konzentration der interessierenden Komponenten klein sind. Die Bestimmung von Bewegungskorrelationen mittels räumlicher Interferenzen in der mit Energieänderung gestreuten Strahlung verlangt hohe Intensität, weil dazu eine mindestens vierdimensionale Analyse der gestreuten Strahlung erforderlich ist: nach drei Raumrichtungen relativ zum einfallenden Strahl und nach der Energie relativ zur Energie im einfallenden Strahl, wie in einer Ebene in Abb. 3 dargestellt. Jede Vermehrung der Variablen in der Analyse verringert natürlich die Zählrate, ebenso jede Steigerung der Auflösung, wie gewöhnlich die zunehmende Komplexität der untersuchten Systeme sie nötig macht.

Die Abb. 7 illustriert das für eine typische Messung mit Angabe der Intensitäten, wie sie an einem typischen Forschungsreaktor typischer Weise dabei auftreten. Nur alle 100 Sekunden erreicht ein Neutron den Detektor im interessierenden

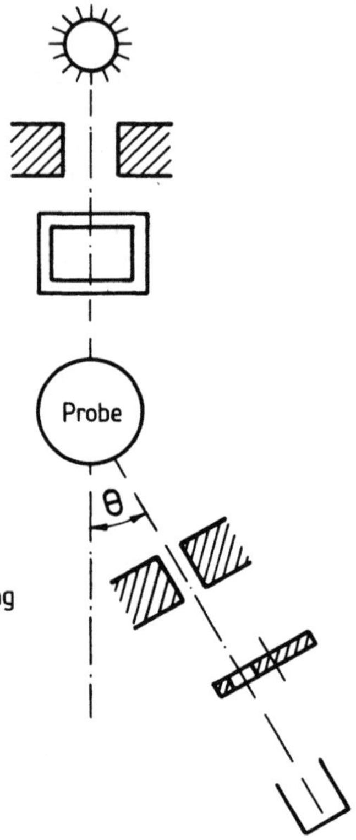

Experimentelle Vorrichtung	Schwächung um	Neutronen pro cm² und sec
Quelle		10^{14}
Raumwinkel-Einschränkung	10^{-4}	
		10^{10}
Geschwindigkeitsauswahl	10^{-2}	
		10^{8}
Streuwahrscheinlichkeit	10^{-2}	
		10^{6}
Raumwinkel-Einschränkung	10^{-4}	10^{2}
Pulsung	10^{-2}	
		10^{0}
Geschwindigkeitsauswahl	10^{-2}	
Detektor		10^{-2}

Abb. 7: Neutronenflüsse und deren Schwächung bei einem typischen Streuexperiment mit Winkel- und Energieanalyse an einem typischen Forschungsreaktor (10^{14} Neutronen pro cm² und s an der Quelle). Selbst in einem günstigen Fall hinsichtlich der Streuwahrscheinlichkeit (10^{-2}) und hinsichtlich der Schwächung durch die geforderten Geschwindigkeitsauswahlen (10^{-4}) erreicht im Mittel in einem bestimmten Winkel- und Energieintervall nur alle 100 Sekunden ein Neutron pro cm² den Detektor. Geringere Streuwahrscheinlichkeiten (z. B. aufgrund einer kleineren Probe oder aufgrund einer niedrigen Konzentration der interessierenden Moleküle in der Probe) und höhere Anforderungen an die Geschwindigkeitsanalyse (z.B. weil die interessierenden Bewegungen langsam ablaufen) können die Zählrate noch um Größenordnungen verringern und die Messung unmöglich machen. Mit der Spallations-Neutronenquelle soll diese Zählrate um etwa einen Faktor 1000 verbessert werden.

Winkel- und Energieintervall. Mit der Spallationsquelle wollen wir für eine solche Messung diese Zahl um einen Faktor 1000 vergrößern: einen Faktor 10 in der zeitgemittelten Quellflußstärke, einen Faktor 100 durch Pulsung der Quelle selbst.

Anhang

Zwei Beispiele für die Feststellung des Zusammenwirkens von Teilchen

Das erste Beispiel stellt die Ergebnisse von Messungen dar, die die Fragestellungen so gut wie vollständig beantworten konnten. Das zweite Beispiel stellt Messungen dar, die die Fragestellung definieren, aber nicht beantworten, weil die Beantwortung Neutronenflüsse erfordern würde, wie sie gegenwärtig nicht verfügbar sind.

A 1. Korrelationen in Brownschen Drehbewegungen

Methan (CH_4) wird bei 90 K fest. Es kristallisiert dann in eine kubisch-flächenzentrierte Anordnung der Molekül-Schwerpunkte (der C-Atome). Die H-Atome haben keine festen Lagen, sondern erscheinen ausgeschmiert auf Kugelflächen um die C-Atome: die Moleküle rotieren frei; die Rotation hat den Charakter einer Brownschen Bewegung [3].

Wenn man das System abkühlt, so stellt sich bei 20,4 K Orientierungsordnung ein: eine Orientierungsordnung wie in Abb. 8 dargestellt [3]. Einige CH_4-Moleküle rotieren nach wie vor frei, aber jedes freirotierende Molekül sitzt jetzt in einem Käfig von fest orientierten Molekülen. Im Beugungsbild von gestreuten Neutronen produziert diese Orientierungsordnung Überstruktur-Reflexe.

Wenn die Orientierungsordnung verschwunden ist, oberhalb 20,4 K, ist an den Stellen der Überstruktur-Reflexe ein breiter Berg von Streustrahlungsintensität zu beobachten [4], mit Breite nicht nur in Richtung der drei räumlichen Streuwinkel,

Abb. 8: Die molekulare Struktur von kristallisiertem Methan (CH_4) unterhalb einer Temperatur von 20,4 K.

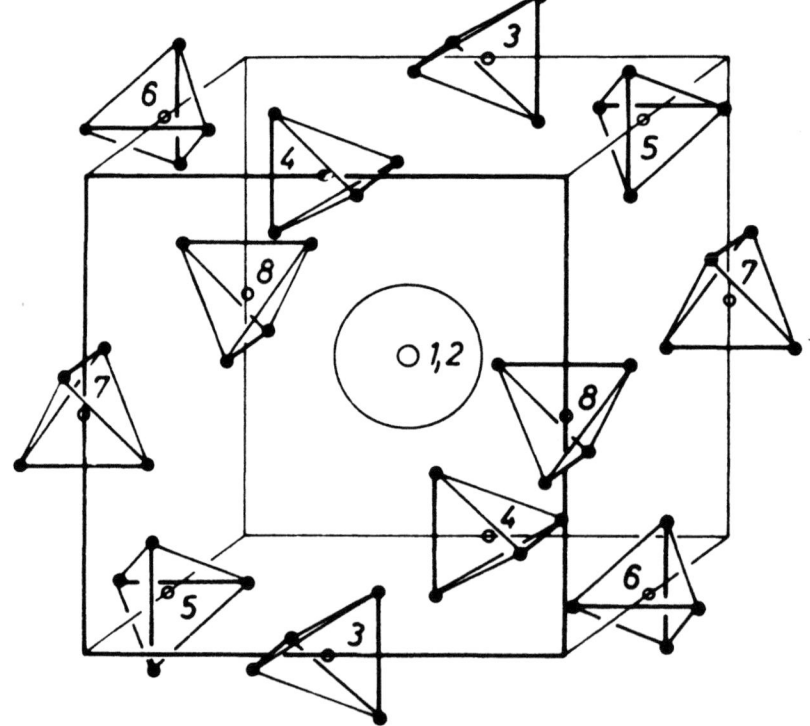

sondern auch in der Energieänderung, $E_0 - E'$, die die Neutronen bei der Streuung erfahren, wie schematisch für $E_0 - E'$ und einen Streuwinkel θ in Abb. 9 dargestellt. Das bedeutet: oberhalb 20,4 K rotieren die Moleküle frei, aber wenn dabei einige benachbarte Moleküle zueinander in eine Orientierung geraten, wie sie sie unterhalb 20,4 K fest einnehmen, so verharren sie eine Weile in dieser Relativorientierung. Sie rotieren miteinander, in Phase. Das Gesamtvolumen des Streustrahlungsberges (Abb. 9) ist ein Maß für die Zahl der Moleküle, die insgesamt gemeinsam rotieren. Die Breite des Berges in Richtung θ, Γ_θ, ist umgekehrt proportional der mittleren Reichweite der Korrelation, l. Die Breite des Berges in Richtung $E_0 - E'$, Γ_E, ist umgekehrt proportional der mittleren Zeitdauer, τ, für die Moleküle gemeinsam rotieren. Im Übergang von Orientierungschaos (oberhalb 20,4 K) zu Orientierungsordnung (unterhalb 20,4 K) nehmen das Bergvolumen, die Korrelationslänge und die Korrelationsdauer ständig zu. Der Berg wird immer höher und schmaler.

Abb. 9: Ausschnitt aus dem Intensitätspanorama von Neutronen-Interferenzstreuung an kristallisiertem CH_4 oberhalb 20,4 K. $E_0 - E'$ ist die Energieänderung, die die Neutronenstrahlung bei der Streuung erfährt; θ ist einer von drei Streuwinkeln. Die scharfen Intensitätsspitzen auf der Linie $E_0 - E' = 0$ sind Strukturreflexe, die von der kubisch-flächenzentrierten Anordnung der C-Atome herrühren. Die kleineren Intensitätsspitzen im Bereich $E_0 - E' \neq 0$ rühren von kollektiven Schwingungen der C-Atome her (Phononen). Der breite Intensitätsberg zwischen den beiden Strukturreflexen resultiert aus kollektiven Drehbewegungen von Molekülgruppen.

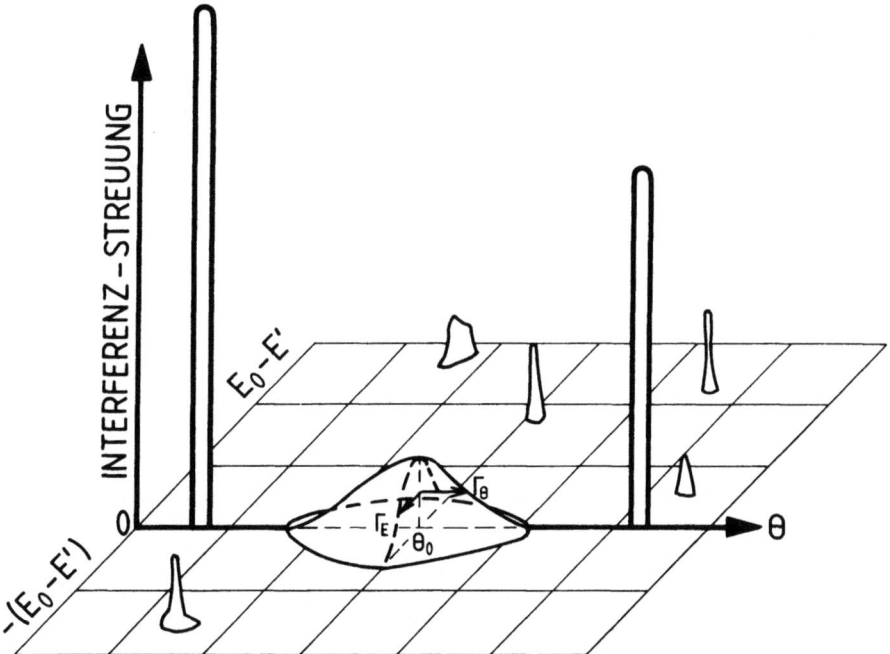

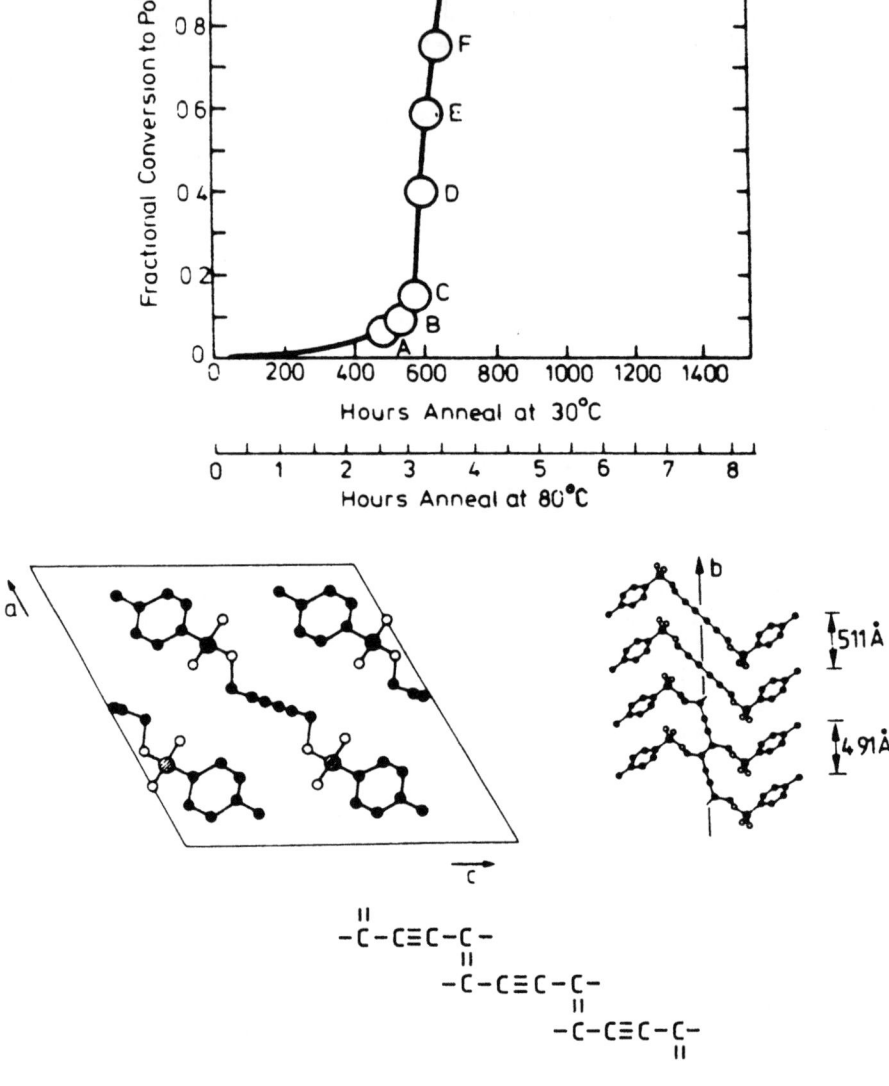

Abb. 10: Kristallines p-Tolunen-Sulfonat (TS)-Azethylen. Oben: die Kurve gibt das Ergebnis von Messungen des Polymerisationsgrades in Abhängigkeit von der Zeit bei zwei verschiedenen Temperaturen wider [5]. Die Buchstaben bezeichnen die Polymerisationsgrade, bei denen neutronenspektroskopische Messungen gemacht wurden [6]. Unten: die Kristallstruktur; links Blick auf die a–c-Ebene, rechts Blick auf die b-Achse (senkrecht zur a–c-Ebene). Die Polymerisation findet entlang der b-Achse statt, durch eine Bindungsbildung wie ganz unten angedeutet. Dabei ändert sich in b-Richtung der Abstand zwischen den C-Viererketten benachbarter Moleküle.

A 2. Wie geht Polymerisation vor sich?

Wenn die Kristallstruktur dafür günstig ist, kann Polymerisation auch im festen Zustand eintreten. Dies ist der einfachste Fall für eine Untersuchung der Frage, ob und gegebenenfalls wie die Moleküle dabei zusammenwirken. Ein bekanntes Beispiel sind die Diazethylene. Die Abb. 10 zeigt eine Monomer-Kristallstruktur und den Polymerisationsgrad, gemessen in Abhängigkeit von der Zeit bei zwei verschiedenen Temperaturen [5]. In den Polymerisationszuständen A bis G wurden mit Neutronenstreuung folgende Beobachtungen gemacht [6]:

Erstens: ein Strukturreflex, der den Abstand der mittleren C-Viererketten von benachbarten Molekülen in der b-Richtung des Kristalls (Abb. 10) widergibt, verschiebt sich mit zunehmender Polymerisation (Abb. 11). Er wird zugleich zunächst breiter und schwächer, um bei 50% Polymerisation ganz verschwunden zu sein, und nimmt dann an Stärke und Schärfe wieder zu. Die Polymerisation läuft von einem geordneten Nicht-Gleichgewichtszustand über einen chaotischen Nicht-Gleichgewichtszustand in einen geordneten Gleichgewichtszustand.

Zweitens: senkrecht zur b-Richtung tritt schichtweise Streuintensität auf. Die Intensität auf jeder Schicht hat selbst wiederum eine ausgeprägte Struktur (Abb. 12). Diese Struktur kann als herrührend von Korrelationen im Polymerisationsvorgang verstanden werden [6]. Die Strukturen sind am ausgeprägtesten, das Zusammenwirken der Moleküle ist am stärksten, in den Zuständen der größten Unordnung.

Abb. 11: Der Strukturreflex, der herrührt von der Periodizität der Abstände zwischen den C-Viererketten benachbarter Moleküle entlang der b-Achse des kristallinen TS-Di-Azethylen, für verschiedene Polymerisationsgrade, entsprechend den Bezeichnungen von Abb. 10.

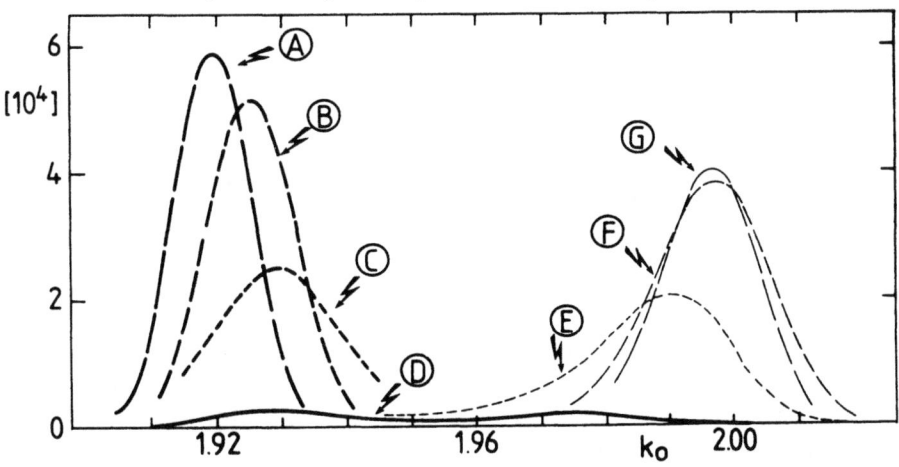

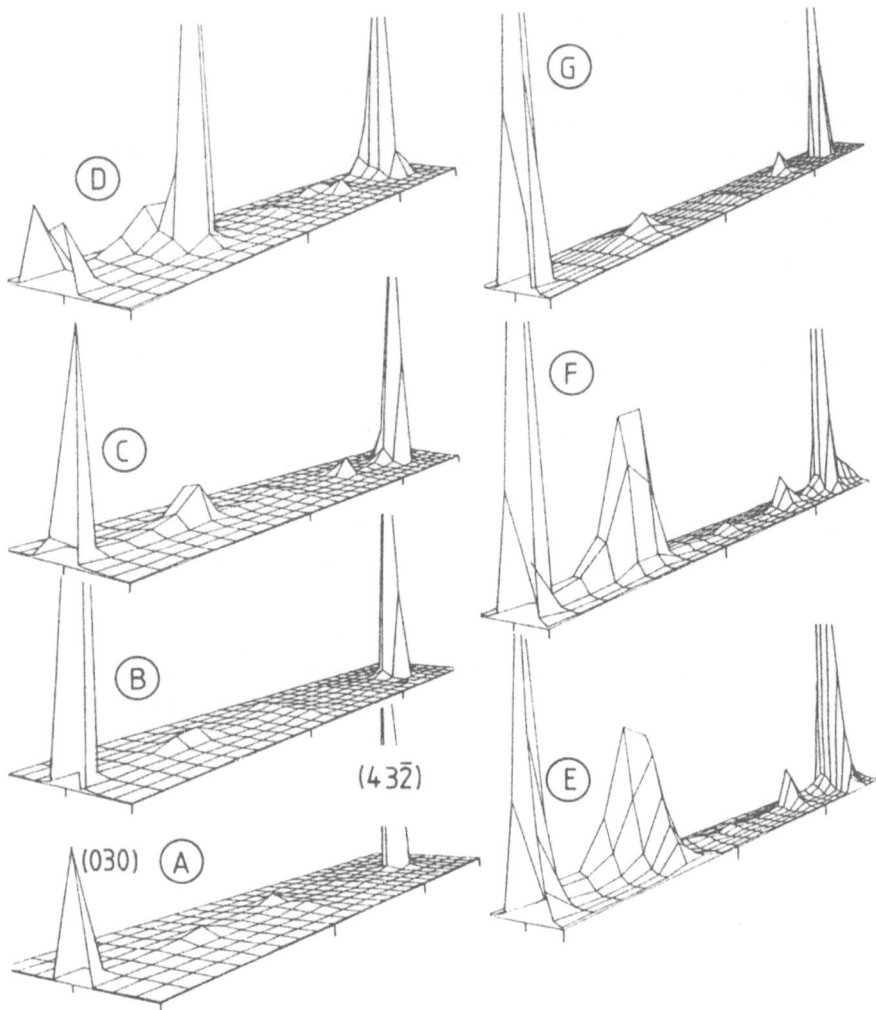

Abb. 12: Die Struktur von Interferenzstreuung (gemessen ohne Energieanalyse) auf einer Streuintensitätsschicht (zwischen den reziproken Gitterpunkten 030 und 432) für verschiedene Polymerisationsgrade im TS-Di-Azethylen.

Aus Intensitätsmangel war eine Analyse der (vermutlich sehr kleinen) Energieänderungen, die die Neutronen bei der Streuung erfahren, nicht möglich. Die Meßergebnisse gehen deshalb noch nicht hinaus über die Feststellung, daß es hier ein Zusammenwirken der Moleküle in b-Richtung überhaupt gibt. Wie die Moleküle zusammenwirken ist unaufgeklärt.

Literatur

[1] „Realisierungsstudie zur Spallations-Neutronenquelle", Jül-Spez-113/KfK 3175 (1981);
G. BAUER: „Die KFA auf dem Wege zu einem neuen Großforschungsgerät", KFA-Jahresbericht 1981/82;
G. BAUER, P. CLOTH, D. FILGES, R. HECKER, J. STELZER, H. STECHEMESSER: Kerntechnik 41 (1982);
„Konzept eines Stufenplans für den Linearbeschleuniger des SNQ-Projekts", SNQ-ABT-Bericht, Februar 1983.
[2] L. VAN HOVE: Phys. Rev. 95, 249 (1954).
[3] W. PRESS: J. Chem. Phys. 56, 2597 (1972).
[4] W. PRESS, A. HÜLLER, H. STILLER, W. STIRLING, R. CURRAT: Phys. Rev. L. 32, 1354 (1974).
[5] G. PATEL, R. CHANCE, E. TURI, Y. KHAMA: J. Am. Chem. Soc. 100, 6644 (1978).
[6] H. GRIMM, J. AXE, C. KRÖHNKE: Phys. Rev. B 25, 1709 (1982).

Diskussion

Herr Schreyer: In Weiterführung des Gleichnisses in Ihrer Einleitung kann man Ihnen sozusagen nur viel Glück in der weiteren Schwangerschaft und eine gute Geburt wünschen. Dazu gleich die Frage: Wann ist die Geburt denn vorgesehen?

Herr Stiller: Ich sagte zur Einleitung, ich freue mich, daß Sie so zahlreich gekommen sind, obwohl das Kind, über das ich sprechen will, zwar schon gezeugt, aber noch nicht geboren ist. Wann es geboren wird, das wird hier, anders als in der Natur, im wesentlichen davon abhängen, wann sozusagen die Krippe und die Windeln bereitstehen, von wann ab also das Ministerium bereit sein wird, das Geld dafür zur Verfügung zu stellen. Im Augenblick ist es so, daß wir Anfang 1985 eine endgültige Studie und Kostenschätzungen sowie die fertigen Unterlagen vorlegen sollen, und es ist uns zugesagt, daß im Jahre 1985 die Bauentscheidung getroffen werden wird. Der Bundesforschungsminister und das Land haben die notwendigen Mittel ab 1986 in ihre mittelfristige Finanzplanung eingesetzt, aber es bedarf noch der Zustimmung der Finanzminister und auch der Forschungs- und Haushaltsausschüsse der Parlamente.

Herr Welte: Ich habe aus Ihrem Vortrag gelernt, daß Sie Nichtgleichgewichtszustände untersuchen und, wenn ich das richtig begriffen habe, Ordnungs- und Unordnungszustände feststellen können. Die Frage, die ich habe, zielt auf diesen Problempunkt. Die Vorläufer des Erdöls sind organische Festsubstanzen, die nur schwer einer Untersuchung auf Ordnungszustände zugänglich sind und, weil sie etwa in den herkömmlichen strukturellen Überlegungen amorph sind, auch in der Mikroskopie nichts liefern. Andererseits können wir auf dem Umweg über die Elementaranalyse und einiger anderer Untersuchungsmethoden mit zunehmender Temperaturbelastung Gradationszustände in Angleichung an einen Ordnungszustand feststellen.

Die Frage, die ich habe, ist die: Wäre es möglich, mit Hilfe eines entsprechenden Neutronenbeschusses solche Ordnungszustände zu definieren? Ich fühle mich da zwar etwas unsicher, inwieweit so etwas möglich sein könnte, aber die Untersuchung der Polymerisate gibt mir Hoffnung.

Herr Stiller: Im Prinzip ist das möglich. Ob das auch in dem speziellen Fall, an den Sie denken, möglich ist, kann ich jetzt nicht beurteilen. Sie haben gesehen, daß bei den Beispielen, die ich gezeigt habe, die Moleküle alle relativ einfach waren. Wenn man jetzt zu so komplexen Molekülen übergeht, wie sie bei Ihnen vorkommen, kann es schwierig werden.

Herr Welte: Welche Anforderungen werden denn an die zu untersuchende Probe hinsichtlich Einheit und Größe gestellt?

Herr Stiller: Die Probengröße sollte für heutige Intensitäten von der Größenordnung 1 Kubikzentimeter sein. Sie können natürlich gerade bei Polymeren sehr viele Strukturinformationen bekommen, wenn es gelingt, die Probe so zu präparieren, daß Sie an einzelnen Makromolekülen den Wasserstoff durch Deuterium ersetzen. Dann bekommen Sie nämlich einen Streukontrast für dieses eine Polymer gegenüber den anderen. Aber ob so etwas z. B. bei Ihren Proben möglich ist, kann ich nicht beurteilen.

Herr Welte: Und die letzte Frage: Was kostet eine solche Untersuchung?

Herr Stiller: Sie ist umsonst.

Herr Treusch: Der Faktor 1000, den Sie als Intensitätszugewinn nannten, ist ja sicher eine integrale Aussage und bezieht sich auf den Jülicher Reaktor. Ich habe in Erinnerung, daß der eigentliche Zugewinn, jetzt als Funktion der Energie, gegenüber den bestmöglichen Reaktoren, sagen wir Grenoble, erst etwa in der Gegend 0,3 eV massiv einsetzt. Darunter ist die Sache noch ungefähr vergleichbar, und zwischen 0,3 und 10 eV wird es dann zunehmend besser. Ist das so richtig?

Herr Stiller: Der Faktor 1000, den ich genannt habe, bezieht sich auf thermische Neutronen und auf einen Reaktor wie den Dido in Jülich. Wenn man die Anlage darauf auslegt, Neutronen mit höherer als thermischer Energie zu bekommen, Neutronen mit Energien zwischen 0,3 und 10 eV, dann kann man in der Tat einen Reaktor um noch viel größere Faktoren übertreffen. Das ist z. B. auch schon bei der englischen Spallationsquelle, die gegenwärtig im Bau ist, der Fall. Die englische Quelle wird im thermischen Bereich auch in den Spitzenflüssen einen Höchstflußreaktor noch kaum übertreffen, aber sie wird ihn deutlich übertreffen bei höheren Energien; während für die in Deutschland geplante Spallationsquelle für die Flüsse im Puls auch schon im thermischen Bereich der Gewinn ein Faktor 1000 sein soll. Der Gewinnfaktor gegenüber einem Höchstflußreaktor für thermische Neutronen ist 100.

Die englische Spallationsquelle ist optimiert auf epithermische Neutronen. Im Augenblick ist nur nicht sehr deutlich, was sich in diesem Energiebereich an interessanten Forschungsmöglichkeiten eigentlich ergibt. Deshalb haben wir die deutsche Spallationsquelle im Gegensatz zur englischen auf thermische und subthermische Neutronen optimiert.

Herr Lübelsmeyer: Noch einmal zum Faktor 1000: Auf welche Ausbauphase beziehen Sie das?

Herr Stiller: Das ist die Endausbauphase. Nach der gegenwärtigen Planung werden aber die vorgesehene Zwischenphase und die Endausbauphase ohne Pause aneinander anschließen. Der wissenschaftliche Betrieb soll nach Fertigstellung der sog. Zwischenphase aufgenommen werden können. Parallel dazu, und ohne ihn zu stören, wird dann der Endausbau vorgenommen.

Herr Pinkau: Wir hatten uns in dem Gutachterausschuß „Großprojekte der Grundlagenforschung" über die Spallations-Neutronenquelle auch Gedanken zu machen, und uns war seinerzeit die Darstellung gegeben worden, daß es bei der Quelle noch apparative Probleme gebe, insbesondere Probleme etwa bei der Strahlführung des Beschleunigers, die ein besonders hohes Maß an Güte aufweisen muß. Der Gutachterausschuß hatte sich deshalb zu einem positiven Votum nur unter der Bedingung bereitgefunden, daß diese Probleme vorher gelöst werden. Nun hatten Sie es vorhin so dargestellt, als ob es nur am Geld liege. Bedeutet dies, daß alle technischen Probleme jetzt mittlerweile ausgeräumt sind?

Herr Stiller: Grundsätzlich sind alle technischen Probleme, die damals noch als besonders schwierig erschienen, ausgeräumt. Es gibt natürlich Einzelprobleme und wahrscheinlich auch noch nicht erkannte Probleme, die erst im Verlauf stärkerer Detaillierungen auftreten werden, aber es gibt nach unser aller Überzeugung kein Problem mehr, von dem man sagen könnte, daß es vielleicht das Ganze in Frage stellt.

Herr Reiche: Herr Stiller, ich bin fasziniert von den Eigenschaften und den vielfältigen Nutzungsmöglichkeiten der geplanten Spallationsanlage auf dem Gelände der Kernforschungsanlage Jülich. Ich habe aber große Bedenken bezüglich des Standorts, die Ihnen sicherlich auch nicht unbekannt sind. Sie wissen, daß das Gelände nur – geschätzt, ich müßte auf der Karte nachsehen – zwei bis drei Kilometer vom westlichen Rand des Tagebaues Hambach entfernt liegt. Zwischen dem Tagebaurand Hambach und der Stadt Jülich läuft die große tektonische Rurrandverwerfung, die sich im Bereich von Jülich sogar auffiedert, und diese Störung ist vor allem noch rezent aktiv.

Bei den notwendigen Grundwassersenkungen für die Gewinnung der Braunkohle im Großtagebau Hambach ist also durchaus die Möglichkeit gegeben, daß eine ungleichförmige Absenkung des Standorts, wenn ich es einmal so allgemein ausdrücken darf, stattfindet.

Frage: Welche Schiefstellungsbeträge kann der 500 m lange Beschleunigertunnel überhaupt aufnehmen? Ich vermute, das werden nur wenige Zentimeter sein.

Herr Stiller: Man wird den Tunnel in jedem Fall so auslegen, daß man ihn in ziemlich großen Winkelbereichen nachjustieren kann, ohne irgendetwas auseinandernehmen zu müssen. Im Augenblick wird geschätzt, daß eine Nachjustierung von etwa 20 Zentimetern, aufsummiert über 500 m, verkraftbar sein wird, ohne den Betrieb zu unterbrechen. Viel größere Beträge sind natürlich mit Betriebsunterbrechung verkraftbar. Gegenwärtig ist mit Tiefenbohrungen und geologischen Untersuchungen begonnen worden, über die dann ein Gutachten erstellt werden soll, das zeigt, was die Konsequenzen einer Grundwasserabsenkung für die Anlage wären.

Herr Reiche: Dazu kommt – wenn ich das noch eben hinzufügen darf –, daß der Standort im Erdbebengebiet nach der DIN-Norm über Bauen in erdbebengefährdeten Gebieten sogar in der Erdbebenzone 4 liegt, also am höchsten eingestuft ist. Deshalb noch einmal meine Frage: Gibt es keine andere, keine bessere Standortmöglichkeit?

Herr Stiller: Es gibt natürlich vom Standpunkt der Braunkohleförderung und der Erdbebengefährdung grundsätzlich bessere Standorte, aber wenn man deswegen die Anlage anderswo auf einer grünen Wiese bauen wollte, so müßte man die gesamte notwendige Infrastruktur hinzubauen, was die Anlage sehr viel teurer werden ließe. Dies ist natürlich der Grund, dessentwegen sie in ein bestehendes Forschungszentrum gesetzt werden sollte.

Herr Reiche: Aber hier haben Sie natürlich die erheblich höheren Gründungskosten.

Herr Stiller: Ja. Aber um wieviel höher sie werden würden, soll eben erst durch das Gutachten ermittelt werden, von dem ich sprach.

Herr Faissner: Ich möchte eine Bemerkung zu den eingangs erwähnten Neutrino-Experimenten machen. Man muß sich natürlich bei einem Projekt dieser Größe fragen: Was kann man in fünf oder sieben Jahren tun, was die Physik der schwachen Wechselwirkung echt voranbringt – nachdem unsere UA 1-Kollaboration bei

CERN zum Beispiel sämtliche schwachen Kraftquanten da gefunden hat, wo die einfachste Theorie sie haben will.

Ich glaube aber – und möchte das ausdrücklich auch den Kollegen außerhalb des engeren Fachkreises sagen – daß die nächste Phase wirkliche Präzisionsexperimente bringen muß – namentlich auf dem Gebiet der neutralen Ströme und ihrer genauen Vermessung und auch bei den Neutrino-Oszillationen, die Sie erwähnten (sofern sie überhaupt existieren ...).

Aber dazu bedarf es nicht nur der großen Ströme, die Sie mit Recht hervorheben; man sollte eigentlich auch größere Energien haben als die, die Sie implizite anzeigten. Sie boten ja bisher nur die Neutrinos an, die gewissermaßen durch die Natur aus einem dicken Block der primär abgebremsten Protonen hervorgehen, und deren Energie liegt in der Gegend von 50 MeV bei sehr kleinen Wirkungsquerschnitten und bei einer experimentell sehr fraglichen und wenig signifikanten Signatur.

Mein Plädoyer geht also dahin, sehr wohl schwache Wechselwirkungen zu betreiben und sehr wohl Neutrino-Experimente auch auf lange Sicht zu planen, aber, wenn irgend möglich, auch energie-reichere Neutrino-Strahlen vorzusehen, die aus dem Zerfall von Mesonen im Flug erzeugt werden.

Herr Stiller: Das ist auch vorgesehen. Ich hätte in der Tat auch darauf eingehen sollen.

Herr Lübelsmeyer: Ich wollte nur noch eine kurze Bemerkung zu der geologischen Frage machen und daran erinnern, daß der große Linearbeschleuniger des SLAC mit zwei Meilen Länge eine halbe Meile hinter der San-Andreas-Verwerfung in Kalifornien beginnt, und da sind, glaube ich, die Probleme etwas schwieriger als in Jülich.

Herr Holzapfel: Ihren Vortrag muß man, meine ich, natürlich auch ein wenig im Rahmen der sogenannten „Pinkau-Studie" sehen, wo es um die Abschätzung und die Beurteilung von Großprojekten für die Bundesrepublik geht.

In diesem Zusammenhang möchte ich als andere Interessenrichtung die Interessenrichtung einer Synchrotron-Strahlungsquelle mit vertreten. Ich glaube, daß Sie in dieser Richtung die Möglichkeiten der elektromagnetischen Strahlung nicht ganz fair dargestellt haben; denn ich glaube, daß Infrarotmessungen, Ramanmessungen, Röntgenbeugungsmessungen, insbesondere auch thermische diffuse Röntgenstreuung wohl geeignet sind, auch Unordnungsphänomene und dynamische Phänomene in Festkörpern zu untersuchen.

Herr Stiller: Ich möchte keineswegs die enorme Attraktivität der Synchrotron-Strahlung bestreiten. Ich glaube nur nicht, daß eine starke Neutronenquelle und eine starke Quelle für elektromagnetische Strahlung wirklich Alternativen sind, so daß man sagen könnte, man nehme entweder die eine oder die andere. Mit den beiden Strahlungsarten erhält man ganz verschiedene Informationen. Das wollte ich zeigen.

Natürlich können Sie Unordnungsphänomene hinsichtlich der Strukturen auch mit Röntgenstreuung untersuchen. Hinsichtlich der Dynamik werden Untersuchungen natürlich auch mit Lichtstreuung angestellt. Aber da sind wir dann in Wellenlängenbereichen, die nicht mit den Korrelationslängen zusammenpassen. Mit unelastischer Röntgenstreuung andererseits sind wir in den richtigen Wellenlängenbereichen, aber erreichen nicht eine Energieauflösung, die auch nur entfernt vergleichbar ist mit der Auflösung, die man mit Neutronen erreicht. Das heißt, Sie können nur relativ hochenergetische Bewegungen feststellen, nicht die gerade besonders interessanten ganz langsamen.

Herr Holzapfel: Man kann elastische Konstanten messen.

Herr Stiller: Sicher kann man elastische Konstanten messen, z. B. auch mit der Brillouin-Streuung von Licht. Aber das ist ja nicht wirklich eine Untersuchung über Bewegungsabläufe komplexer Art.

Herr Rollnik: Die Spallationsquelle wird sehr teuer werden; selbst als Hochenergiephysiker, der an aufwendige Anlagen gewöhnt ist, war ich von den genannten Kosten beeindruckt. Andererseits wird die Spallationsquelle faszinierende Möglichkeiten eröffnen; ein breites Spektrum naturwissenschaftlicher Problemstellungen wird erarbeitet werden können, von der Festkörperphysik im engeren Sinne bis zur Biologie.

Der geplante Beschleuniger wird Neutronenstrahlen mit einer Zeitstruktur liefern können, so daß man dynamische Vorgänge auflösen können wird. Mich würde interessieren, ob man heute schon sagen kann, welche konkreten Fragestellungen etwa aus der biologischen Forschung angegriffen werden können, wenn die Spallationsquelle etwa in zehn Jahren fertig sein wird.

Ich darf noch einen zweiten Punkt hinzufügen. Sie haben darauf hingewiesen, daß die Engländer sehr bald eine Spallationsquelle zur Verfügung haben werden, wenn auch in einer etwas anderen Ausführung. Ist daran gedacht, zunächst einmal in England, im Rutherford-Laboratorium, Erfahrungen zu sammeln, die dann in der KFA verwertet werden?

Herr Stiller: Den zweiten Teil der Frage kann ich gleich mit Ja beantworten. Wir stehen in enger Zusammenarbeit mit dem Rutherford-Laboratorium und haben vor, insbesondere Methoden, die der Zeitstruktur einer solchen Quelle bestangepaßt sind, dort zu erproben. Dazu gibt es in Jülich eine ganze Menge neuer Ideen, zu denen Apparaturen entwickelt werden, die dann zunächst an der Rutherford-Quelle aufgestellt werden sollen, sobald sie in vollem Betrieb ist.

Zu der ersten Frage: Ich habe mich heute auf Untersuchungen beschränkt, bei denen Bewegungszustände in kondensierter Materie untersucht werden. Für biologische Materie werden solche Untersuchungen wahrscheinlich in zehn Jahren aktuell sein. Gegenwärtig reichen gerade dafür die verfügbaren Neutronen-Intensitäten noch nicht aus. Im Augenblick gibt es solche Untersuchungen an biologischen Substanzen noch sehr wenig, ausgenommen über die Diffusion durch bestimmte Membrane.

Gegenwärtig liegt der Schwerpunkt neutronenspektroskopischer Untersuchungen an biologischen Substanzen bei der Kartographie von Zellkomponenten, z.B. von Ribosomen. Ribosomen sind in den Zellen die Fabriken, in denen die Proteine nach Maßgabe der genetischen Information zusammengesetzt werden, und diese Fabriken sind in komplexer Weise aus verschiedenen Arten von Eiweißen und Nukleinsäuren aufgebaut. Dieser Aufbau ist am einfachsten, am direktesten und wahrscheinlich überhaupt nur untersuchbar, indem man die Ribosomen auseinandernimmt, einzelne der Makromoleküle deuteriert und dann das Ribosom sich wieder zusammenfügen läßt. Man hat damit für die Neutronen einzelne Moleküle sozusagen mit Farbe angestrichen und dadurch sichtbar gemacht.

Was molekulare Bewegungsabläufe in biologischen Systemen angeht, so ist mit Sicherheit ihre Beobachtung gegenwärtig unmöglich eben aus Mangel an Neutronenintensität. Ich bin nicht Biologe genug, um wirklich beurteilen zu können, in welchem Umfang erhöhte Intensität solche Bewegungen, insbesondere kooperative Bewegungen, untersuchbar machen wird. Ich glaube aber sicher, daß man wenigstens einige solche Kooperationen aufklären können wird, z.B. die kollektiven Diffusionsvorgänge, mit denen Moleküle sich im Membranstrukturen festsetzen, und mit denen Ionen Membrane in einer Richtung durchwandern können.

Herr Otto: Bei geringen Energien von Neutronen, im Mikroelektronenbereich zum Beispiel, sind ja interessante Untersuchungen möglich, z.B. Tunnelübergänge von Methan auf Graphit. Da könnte ich mir denken, daß Sie dann doch wieder für die Flugzeitspektrometer einen Chopper einführen müßten, weil die „Zeitverschmierung" beim Abbremsen so groß ist.

Meine Frage geht also dahin: Was ist der Vorteil der Spallationsquelle bei sehr niedrigen Neutronenenergien? In welchem Energie-Bereich ist sie einem Reaktor überlegen?

Herr Stiller: Wenn ich aus dem Puls, den ich bekomme und der durch die Thermalisierung etwa 150 µs lang ist, nur wenig herausschneide, so habe ich immer noch den Gewinn von Fluß im Puls zu mittlerem Fluß. Aber ich werfe natürlich weiterhin einen großen Teil der Neutronen weg. Der Vorteil einer Spallationsquelle gegenüber einem Reaktor bleibt aber das Verhältnis von Fluß im Puls zu mittlerem Fluß.

Um die Pulse selbst zu verkürzen, gibt es nur eine Möglichkeit: den Moderator, die Abbremssubstanz, mit Neutronenabsorbern vergiften. So wird das z. B. an der englischen Spallationsquelle gemacht. Aber dabei verliert man sehr viele Neutronen, und im Mittel verliert man dadurch mehr, als man durch die Verkürzung des Pulses gewinnt.

Herr Bonse: Ich habe eine Frage zu der Nutzbarkeit der Quelle, zum Kosten-Nutzen-Verhältnis sozusagen. Es ist von der Neutronenlücke die Rede. Wieviel Plätze würde man denn haben, wenn man das etwa mit der Ausrüstung in Grenoble vergleicht?

Was die damit auch möglichen Experimente im Bereich der Neutrino-Physik, Kernphysik usw. betrifft, von denen Sie gesprochen haben: Kann man so etwas gleichzeitig machen? Wenn Sie also auf dem Strahl unterwegs die Neutrinos und Pionen erzeugen, können Sie dann gleichzeitig auch Neutronen am Ende haben? Ist das ein Nacheinander oder ein Miteinander?

Herr Stiller: Die Neutrinos bekommt man ohne jeden Verlust für die Neutronen, weil sie gleichzeitig produziert werden. Wenn man zwischendurch Protonen abzweigt, um daraus Flug-Neutrinos zu machen, dann verliert man einen geringen Anteil der Protonen, die man sonst für die Neutronen bekommen würde. Aber das wird man sicher in Kauf nehmen, denn der Anteil ist eben gering. Dasselbe gilt für alle anderen Abzweigungen für kernphysikalische und medizinische Zwecke.

Herr Bonse: Aber der andere Teil: Wieviel Plätze an Neutronen etwa haben Sie denn dann?

Herr Stiller: Es wird etwa soviele Neutronen-Meßplätze geben wie jetzt in Grenoble. Es ist ebenfalls eine Neutronenleiterhalle vorgesehen und eine große Zahl an thermischen Experimenten an der Quelle selbst, insgesamt etwa vierzig Neutronenstreuapparaturen.

Herr Bonse: Aber mit einem niederen mittleren Fluß.

Herr Stiller: Nein, mit demselben mittleren Fluß wie in Grenoble.

Herr Bonse: In einem anderen Energiebereich.

Herr Stiller: Nein, derselbe oder im Endausbau ein sogar um fast einen Faktor 2 höherer mittlerer Fluß als in Grenoble im thermischen Bereich. Es ist derselbe mittlere Fluß, aber ein sehr viel höherer Fluß im Puls.

Herr Lübelsmeyer: Können Sie noch ein paar Worte zu dem derzeitigen Plan für das Staging sagen, wie der Bau geplant ist?

Herr Stiller: Wir haben uns mit den Geldgebern darüber geeinigt, daß man, wenn man die Anlage baut, schnellstmöglich den Endausbau erreichen sollte. Die erste Stufe wird bedeuten, daß man von da an Experimente mit Neutronen machen kann, aber daß man davon ungehindert den Bau weiterführt, so daß der Endausbau möglichst rasch erreicht wird. Der Plan ist, zunächst den Beschleuniger nur bis etwa 350 oder 400 MeV mit Strukturen zu füllen und für den Rest des Tunnels reine Strahlführung vorzusehen und auch den Kompressor noch nicht zu bauen. Man wird dann alle Experimente beginnen, die mit 400 MeV-Protonen machbar sind. In der zweiten Stufe werden dann der Linearbeschleuniger bis 1100 MeV und der Kompressor in Betrieb genommen.

Herr Lübelsmeyer: Man wird also doch mit dem Linac anfangen?

Herr Stiller: Anfang dieses Jahres ist entschieden worden, daß wir mit dem Linac anfangen. Der Linac ist jetzt mit erheblicher Flexibilität ausgelegt. Man kann z.B., wenn man will und wie es für Neutrino-Experimente wichtig wäre, die Energie auf Kosten des Stroms erhöhen.

Stand und Aussichten der Kernfusion mit magnetischem Einschluß

Von *Klaus Pinkau*, Garching

Die Fusionsforschung stellt einen entschlossenen Versuch der Wissenschaft dar, zielbewußt die aus wissenschaftlichen Erkenntnissen der Plasmaphysik und der Astrophysik (Fusion als Energiequelle der Sterne) resultierenden Anwendungsmöglichkeiten zu untersuchen und zu entwickeln. Wir wünschen der Fusionsforschung zu diesem Unternehmen viel Erfolg.

Da wir wissen, daß die Fusion geht, daß also Atomkerne verschmelzen, und daß dabei Energie frei wird, da wir wissen, welche äußeren Bedingungen dazu vorhanden sein müssen, ist die Fusionsforschung auf die Konstruktion von Apparaten gerichtet, die solche äußeren Bedingungen herstellen, daß der Fusionsprozeß als Brennprozeß sich selbst erhalten und verwertbare Energie abgeben kann. Wie bei allen technischen Lösungen ist es möglich, daß es mehrere Fusionsapparate gibt, die das Gewünschte leisten. Es ist eines der Probleme der Fusionsforschung, daß die Größe und die Kosten der Apparaturen nur wenig Raum für die ausschöpfende Untersuchung der vielen Lösungsmöglichkeiten offen lassen, die es geben kann.

Stand der Fusion

Um die Atomkerne zur Verschmelzung zu bringen, müssen sie gegen ihre elektrostatische Abstoßung aneinandergepreßt werden. Dies gelingt nur durch Aufheizung der Verschmelzungspartner. Würde man nämlich einen Partner etwa in Form eines Beschleunigerstrahls auf den anderen Partner schießen, so würden die etwa tausendmal häufigeren Streustöße nur zur Erwärmung des Zielmaterials führen, die seltenen Fusionsstöße könnten keine ausreichende Nutzenergie liefern und keine Kettenreaktion weiterer Fusionsprozesse einleiten.

Zur Fusion sind Temperaturen der Verschmelzungspartner in der Gegend von 100 Millionen Grad erforderlich. Bei diesen Temperaturen befindet sich die Materie im Plasmazustand, im Zustand eines aus getrennten positiven Atomkernen und negativen Elektronen bestehenden Gases.

Vortrag und Manuskript lehnen sich an einen ähnlichen Vortrag an, gehalten auf der 112. Versammlung der Gesellschaft Deutscher Naturforscher und Ärzte, Mannheim 1982.

Fusionsforschung hat also zur Aufgabe, einen Ofen zu entwickeln, in dem Plasmen von 100 Millionen Grad zum Brennen gebracht werden können; das heißt, daß die aus einem Fusionsprozeß frei werdende Energie zum Teil dazu verwendet wird, das Plasma heiß zu halten und im Sinne einer Kettenreaktion so weitere Fusionsprozesse zu ermöglichen. Damit dies gelingt, muß nicht nur die Verschmelzungstemperatur T erreicht sein, sondern die frei werdende Energie muß für eine ausreichend lange Energie-Einschlußzeit τ_E und ausreichend viel unverbranntes Material (dargestellt durch den Plasmadruck p) angeboten werden, um die Kettenreaktion zu ermöglichen. Brennen findet dann statt, wenn man die äußeren Parameter p · τ_E einerseits, T andererseits ausreichend groß wählt, so daß man im Diagramm der Abbildung in den eingezeichneten Bereich gelangt.

Für den Fusionsprozeß in irdischen Apparaturen ist reiner Wasserstoff nicht geeignet, weil die Verschmelzung zweier Wasserstoffatome sehr unwahrscheinlich ist. Dieser Vorgang findet nur in den kosmischen Fusionsöfen, wie etwa unserer Sonne statt. Am einfachsten sollte die Fusion durch die Verschmelzung der schweren Wasserstoffsorten Deuterium und Tritium gelingen. Der dabei verwendete Brennstoff Tritium (radioaktiv, β-Strahlen mit einer Halbwertzeit von zwölf Jahren) und die bei der Fusionsreaktion entstehenden energiereichen Neutronen stellen die Hauptprobleme der Fusion hinsichtlich der Umweltbelastung dar. Tritium darf nicht freigesetzt werden, die energiereichen Neutronen belasten die Wand des Reaktionsgefäßes und aktivieren die Struktur des Reaktors. Sie dienen andererseits dazu, in einer lithiumhaltigen Ummantelung den Brennstoff Tritium zu erzeugen. Das Problem der Wandbelastung und der Aktivierung der Struktur wird für das Hauptproblem gehalten, welches vor der wirtschaftlichen Nutzung zufriedenstellend gelöst werden muß, wenn man erst einmal gelernt hat, prinzipiell in einer Fusionsapparatur den Brennprozeß zu verwirklichen.

Ein Feuer mit einer Brenntemperatur von 100 Millionen Grad kann man nur durch immaterielle Wände einschließen und von der Reaktorwand fernhalten. Man kann einerseits die Fusionspartner so schnell aufheizen, daß die Verbrennung einsetzt, ehe das Plasma sich ausdehnt (Trägheitseinschluß). Andererseits leistet ein Magnetfeld diese Aufgabe, denn die geladenen Plasmateilchen kreisen um die Magnetfeldlinien, sie hängen an ihnen fest und können sich nur längs des Magnetfeldes bewegen. Wir betrachten hier nur den magnetischen Einschluß.

Ein Fusionsofen besteht also aus einem Gefäß, in dessen Inneren sich ein Magnetfeld befindet und das heiße Plasma von der Ofenwand fernhält, in ganz ähnlicher Form wie die Schamotteauskleidung eines normalen Ofens. Nur muß das Magnetfeld eine viel bessere Isolationswirkung aufweisen als Schamotte, denn es muß den Temperaturunterschied von 100 Millionen Grad im Plasmainneren bis auf einige 100 Grad der Ofenwand bewältigen.

Verschiedene Magnetfeldkonfigurationen sind denkbar. Man kann eine einfache Röhre bauen, deren Enden man durch komplizierte Anordnungen von magnetischen und elektrischen Feldern verschließt, so daß die Plasmateilchen ins Innere der Röhre zurückgespiegelt werden. Solche Spiegelmaschinen werden heute hauptsächlich in den USA untersucht.

Sodann kann man das Magnetfeld zu einem Kreisring, einem Torus biegen. Dann hat man kein Problem mit Endverschlüssen, weil der Torus sich in sich selbst schließt. Allerdings gibt es in einem einfachen Torus Kräfte, die das Plasma nach außen treiben. Erst wenn die Magnetfeldlinien verdrillt um den Torusmantel geführt werden, kann man das Plasma stabil einschließen.

Die Verdrillung der Magnetfeldlinien kann man auf verschiedene Weise erreichen. Man kann einen Strom im Plasma fließen lassen, dessen Magnetfeld zusammen mit den äußeren toroidalen Magnetfeldspulen die Verdrillung bewirkt. Solche Apparate heißen Tokamaks. Da man den Plasmastrom bisher nur zeitlich begrenzt (Sekundärwicklung eines Transformators) hat fließen lassen können, sind Tokamaks gepulste Apparaturen. Man kann die Verdrillung auch von außen durch verdrillte Magnetfelder aufprägen. Solche Anordnungen heißen Stellaratoren. Sie sind kontinuierlich betreibbar.

Spiegelmaschinen, Tokamaks, Stellaratoren und davon abgeleitete Versionen sind unterschiedliche Konstruktionsweisen von Apparaturen, die alle das gleiche Ziel haben: das Plasma in einen Zustand von Temperatur, Druck und Energieeinschlußzeit zu bringen, so daß es brennt. Es kann durchaus sein, daß mehrere Konstruktionsweisen zum Ziel führen, es also nicht nur einen Fusionsreaktor gibt.

Die Konstruktionsmerkmale einer Fusionsapparatur kann man sich noch etwas genauer klarmachen. Die Energieerzeugung im Fusionsgefäß hängt von der Menge des Plasmas ab, also vom Volumen. Die erzeugte Wärme wird durch die Oberfläche abgeführt. Um vom Innern an die Oberfläche zu gelangen, muß der Energiefluß die lineare Dimension des Fusionsgefäßes durchmessen, und die Energie wird um so besser eingeschlossen, je höher der Isolationswert der Apparatur ist.

Der Gütewert der Fusionsapparatur ergibt sich demnach als:

Gütewert = Größe × Isolation.

Im ausreichend großen Fusionsreaktorgefäß entstehen also aus D und T Helium und Neutronen. Die Neutronen dringen in die Wand ein, wie sie in einem lithiumhaltigen Mantel neues Tritium bilden. Das Helium heizt in Form von Alphateilchen das Plasma, so daß es weiter brennen kann. Um einen hohen Isolationswert zu erhalten, muß der Einschluß des Plasmas gut sein, müssen Wärmeleitung, Strahlung und der Fluß von Neutralteilchen möglichst klein gehalten werden.

Die vergangenen 20 Jahre der Fusionsforschung haben durch eine immer stärkere Verbesserung des Isolationswertes einen stetigen Fortschritt im Hinblick

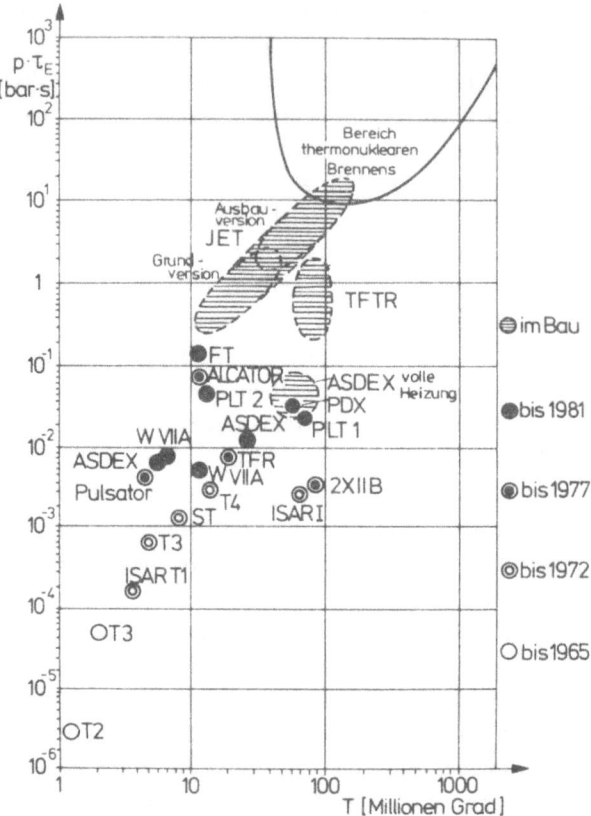

Die für Fusion erforderliche Zündtemperatur T ist aufgetragen gegen das Produkt aus Plasmadruck und Energieeinschlußzeit τ_E. Eine Fusionsapparatur muß Wertekombinationen erreichen, die durch die Kurve „Bereich thermonuklearen Brennens" abgetrennt sind. Eingetragen sind Ergebnisse bereits laufender Apparaturen und die erwarteten Daten der Maschinen TFTR (USA) und JET (Culham, Europa). Die Jahreszahlen für die laufenden Apparaturen zeigen deutlich das rasche Voranschreiten der Fusionsforschung.

darauf gebracht, die Brennbedingung zu erreichen (vgl. Abb.). Es ist auch gelungen, Heizmethoden des Plasmas zu entwickeln, indem man Strahlen hochenergetischer Neutralteilchen hineinschießt oder Radiofrequenzstrahlung bei charakteristischen Resonanzfrequenzen in das Plasma einkoppelt.

Um den verbleibenden Schritt zum Brennen zu tun, erkannte man Mitte der 70er Jahre, daß nunmehr eine erhebliche Steigerung der Größe erforderlich sei, die mit dem internationalen Tokamak-Projekt JET in Europa und dem amerikanischen Tokamak-Projekt TFTR auch beschlossen wurde. Beide Projekte wurden kürzlich in Betrieb genommen.

Wenn beide Apparaturen die Erwartungen ihrer Konstrukteure erfüllen, dann wird man noch in diesem Jahrzehnt ein brennendes Plasma in einem Tokamak erzeugt haben. Gefahren, dieses Ziel zu verfehlen, könnten dadurch entstehen, daß das Plasma etwa in JET die Annahme der Heizleistung verweigert oder unter starken Verunreinigungen leidet.

Hier ist seit dem Baubeschluß von JET die Entwicklung inzwischen weitergegangen. Im Tokamak ASDEX unseres Institutes ist es mit Hilfe eines speziell geformten Magnetfeldes (Divertor) gelungen, besonders saubere, strahlungsarme Plasmen herzustellen und einen verbesserten Einschluß zu erzielen. Deshalb sind selbst für Probleme bei JET heute bereits Abhilfemethoden bekannt. Es besteht deshalb die Erwartung, in näherer Zukunft ein brennendes Plasma zu erzeugen.

Aussichten der Fusion

Ein solches Ergebnis ist wichtig auf dem Weg zum Fusionskraftwerk, kann den endgültigen Erfolg aber noch nicht garantieren. Dazu muß man sich eine Reihe verbleibender Probleme klarmachen, die die Plasmaphysik einerseits, in zunehmendem Maße andererseits aber die Fusionstechnologie zu bewältigen hat. Sie sind alle mit der Aufgabe verbunden, ein brennendes Plasma als Energiequelle in einem Fusionskraftwerk sicher und wirtschaftlich einzusetzen.

Auf physikalischem Gebiet muß das Problem beherrscht werden, das entstehende Helium, die Fusionsasche, abzuführen, denn sonst würde das Fusionsfeuer zu stark gekühlt und erlöschen. Sodann muß man die Wand des Fusionsgefäßes vor energiereichen Neutralteilchen schützen, die durch Umladung im Plasma entstehen und die Wand des Fusionsofens abtragen. 40 Tonnen Stahl pro Jahr würden sonst in einem 4 GW Fusionsreaktor abgetragen werden. Man plant, durch geeignete Ausbildung einer Randschicht des Plasmas, etwa mit Hilfe eines Divertors, sozusagen eine ständig erneuerbare Wand zu schaffen, die die eigentliche Gefäßwand möglichst schützen und das Plasma gleichzeitig sauber halten soll. Diesen Aufgaben ist ein Teil der Forschung unseres Institutes in der zweiten Hälfte der 80er Jahre gewidmet. Ein weiteres Problem besteht darin, den für das Brennen erforderlichen Plasmadruck möglichst billig, das heißt mit möglichst geringem Magnetfeldaufwand zu erhalten. Da die Herstellung und Erhaltung des Magnetfeldes teuer ist, würde sich sonst ein wirtschaftlicher Reaktor nicht bauen lassen. Viele Fusionsforscher sind davon überzeugt, daß der gepulste Tokamak wegen der damit verbundenen gepulsten Wärmebelastung nicht verwendet werden kann. Man versucht deshalb, den Plasmastrom im Tokamak durch Radiostrahlung zu treiben. Andererseits ergibt sich die Möglichkeit, Stellaratoren als Fusionsapparate einzusetzen, die nicht gepulst sind. Unserem Institut ist es zuerst gelungen, einen Stellarator (Wendelstein VII A) erfolgreich in Betrieb zu nehmen und ein sehr günstiges Einschlußverhalten des Plasmas zu erzielen. Diese Entwicklungslinie wird deshalb konsequent verfolgt.

Die Fusionstechnologie muß sich dem Bau supraleitender Spulen widmen und der Aufgabe, eine geeignete lithiumhaltige Ummantelung des Fusionsgefäßes zu entwickeln. Diese Ummantelung muß durch Kühlung die Wärme abführen und nutzen und durch die Bestrahlung des Lithiums mit Neutronen den in der Natur nicht vorkommenden Brennstoffpartner Tritium erzeugen, der dann abgesondert und der Brennkammer zugeführt wird.

Sodann müssen neue Materialien entwickelt werden, vor allem das der ersten innersten Wand des Fusionsgefäßes. Diese Wand ist dem Plasma, vor allem aber der Neutronenstrahlung ausgesetzt, und ihre Lebenszeit ist dadurch begrenzt. Wenn diese erste Wand zu häufig ausgewechselt werden müßte, könnte ein Fusionskraftwerk nicht wirtschaftlich arbeiten.

Endlich muß sich die Fusionstechnologie den Sicherheitsfragen des Fusionsreaktors zuwenden.

Es ist deutlich geworden, daß die Fusionsforschung – abgesehen von physikalischen Spezialuntersuchungen, die mit mittelgroßen Apparaturen durchgeführt werden können – mit aufwendigen Experimenten von der Größe des JET oder größer vorangetrieben werden muß. Jeder dieser Schritte wird eine lange Bau- und Experimentierzeit haben, etwa 10 bis 15 Jahre. Jeder dieser Schritte wird teuer sein, viele Milliarden DM.

Das Ziel ist zu versuchen, ein möglichst wirtschaftliches Kraftwerk mit Eigenschaften zu entwickeln, die seinen Einsatz attraktiv machen, etwa im Hinblick auf Sicherheits- und Umweltfragen. Es ist unklar, ob es Materialien gibt, die dies zu erreichen gestatten, von welchem Typ die Fusionsapparatur sein wird (Tokamak, Stellarator, andere) und wie wirtschaftlich sich die „reine Fusion" betreiben lassen wird. Wie auch immer diese Diskussion dann geführt werden wird, wenn es um die Entscheidung geht, welches Energiesystem gebaut werden soll – es ist klar, daß es nicht nur eine Sorte von Kraftwerken gibt, dessen Daten jetzt schon feststünden.

Die Fusionsforschung muß deshalb auf der einen Seite viele Optionen offen halten und untersuchen, sie kann aber andererseits nur damit rechnen, wenige große Apparaturen für ihre Untersuchung bauen zu können. Dabei geschieht wegen der zeitlichen Länge der Schritte die Entwicklung für einen unbekannten Markt.

Dies aber sollte uns nicht entmutigen. Gerade weil der Weg so lang ist, der bewältigt werden muß, müssen wir jetzt nach Maßgabe unserer Kapazität und des verfügbaren Talents weiterschreiten, damit wenigstens die Generation unserer Enkel über diese Technologie verfügen kann. Sie eignet sich nicht für ein „crash"-Programm. Wenn erst einmal der dringende Bedarf eingetreten sein sollte, wird man nicht ohne erhebliche Schwierigkeiten verlorene Zeit einholen können.

Diskussion

Herr Rollnik: Ihre brillante Darstellung, Herr Pinkau, veranlaßt mich zu der Bemerkung, daß es gelegentlich ganz gut ist, wenn jemand von außen – vor zwei Jahren waren Sie ja noch außerhalb des Plasmaprojekts – neu in ein Forschungsgebiet kommt, um die Situation dieses Gebietes einem breiteren Kreise plastisch nahe zu bringen. Konkret ermutigt mich Ihre Darstellung zu der Frage: Welchen Stellenwert hatte eigentlich das ZEPHYR-Projekt, das in Garching vor einigen Jahren diskutiert wurde?

Herr Pinkau: Das ZEPHYR-Projekt stellte den Versuch dar, mit einem verhältnismäßig billigen Apparat das Zünden des Plasmas zu untersuchen. Es wurde beendet, weil sich herausstellte, daß man mit niedrigem Aufwand ein solches Vorhaben nicht durchführen konnte. Man muß berücksichtigen, daß ein solches Zünd-Experiment nicht in einem Parameterbereich stattfinden kann, in dem einmal ein Reaktor arbeiten soll. Deshalb liegt es etwas abseits der Hauptlinie. Im übrigen hätte das Institut in Garching für ein solches Projekt die Zusammenarbeit mit einem Institut gewinnen müssen, welches Erfahrungen auf dem Gebiet der Handhabung nuklearer Materialien hat. Eine solche Zusammenarbeit war nicht absehbar.

Herr Depenbrock: Vielleicht können Sie noch ein paar Zahlenwerte nennen. Sie hatten ja erwähnt, daß das Volumen einen gewissen Mindestwert haben muß. Die Energiedichte wird auch nicht klein sein. Welche thermische oder elektrische Leistung ist beispielsweise für INTOR ins Auge gefaßt?
Und meine zweite Frage: In welchen Zeitabständen muß man den Liner oder auch das Lithium-Blanket austauschen?

Herr Pinkau: Die thermische Leistung eines Fusionskraftwerkes wird in der Gegend von fünf Gigawatt liegen. In welchen Zeitabständen man die erste Wand austauschen muß, wird letzten Endes erst klar sein, wenn experimentelle Ergebnisse von Materialien vorliegen, die sehr intensiv mit Neutronen bestrahlt worden sind. Es zeigt sich, daß Standzeiten in der Gegend von 2 Megawattjahren pro m^2 ausreichen, daß aber eine solche Zeit auch möglichst erreicht werden muß.

Herr Döring: An den verschiedensten Stellen in der Welt werden Mikrowellenröhren zur Erzeugung extrem hoher Leistungen gebaut, Größenordnung Megawatt bei 100 Gigahetz u. ä. Sie haben über diese Dinge gar nichts gesagt. Diese Röhren, sog. Gyrotrons, sollen jetzt zur zusätzlichen Aufheizung des Plasmas verwendet werden. Könnten Sie dazu etwas sagen?

Herr Pinkau: Die Gyrotrons werden benötigt für eine bestimmte Heizmethode des Plasmas, nämlich die Heizung bei der Elektronen-Zyklotron-Resonanz-Frequenz. Andere Heizmethoden von Radio-Frequenz-Strahlung liegen im Bereich der Ionen-Zyklotron-Resonanz und der unteren Hybrid-Frequenz. In der Tat ist es richtig, daß diese Gyrotrons für die Elektronen-Zyklotron-Resonanz-Frequenz jetzt entwickelt werden.

Herr Springer: Sie haben Konzepte dargelegt, die zum Ziel führen können, und sie sind jetzt auch so, wie Sie es dargestellt haben, gut überschaubar. Meine Frage ist: Glauben Sie persönlich, daß heute noch Innovationen oder, besser gesagt, Alternativen denkbar sind, die vielleicht einen anderen, besseren oder schnelleren Weg darstellen, um dieses Ziel entsprechend Ihrem Diagramm zu erreichen?

Herr Pinkau: Eine dieser diskutierten alternativen Methoden ist die katalysierte Fusion, bei der man die Kernverschmelzung dadurch ermöglichen möchte, daß man mymesische Atome erzeugt, um so die abstoßenden Kräfte der Atomkerne zu kompensieren. Die Myonen haben dazu eine zu kurze Lebenszeit. Wenn man neue negative Elementarteilchen mit längerer Lebenszeit finden würde, die diesen Effekt hervorbringen, wäre das vielleicht eine Möglichkeit. Deshalb möchte ich ausdrücklich Innovationen, die aus der Grundlagenforschung hervorgehen können, nicht ausschließen. Wir sollten aber nicht eine Forschungspolitik betreiben, die jetzt etwa auf solche Entwicklungen wartet.

Herr Stiller: Es wäre sicher ideal, eine Fusionsreaktion benutzen zu können, bei der gar keine Neutronen entstehen. Wohin müßte man denn in dem Diagramm Druck mal τ gegen Temperatur, um das benutzen zu können?

Herr Pinkau: Im Prinzip gibt es neben der Verschmelzung von D-T auch die Möglichkeit, D-D bzw. D-He^3 zu verschmelzen. Nur die D-He^3-Fusion führt ausschließlich zu geladenen Teilchen, die durch das magnetische Feld vollständig von der Wand ferngehalten werden könnten. Für eine solche Fusion würde man etwa 10× höhere Temperaturen als für die D-T-Reaktion benötigen und auch eine 10× größere Zeit τ. Für die D-D-Fusion sind etwa 2× höhere Temperaturen erforderlich und etwa ein Faktor 100 im Wert von τ. Das Problem ist aber zusätzlich, daß die

Strahlungsverluste durch Bremsstrahlung so groß werden, daß man zu ihrer Verhinderung besondere Vorkehrungen treffen müßte, die bisher noch nicht recht bekannt sind.

Herr Larenz: Könnten Sie noch ein paar vergleichende Worte über Experimente sagen, Kernfusionsprozesse herbeizuführen, ausgehend von Festkörper-Targets durch deren Beaufschlagung mit intensiver Laserstrahlung und dergleichen?

Herr Pinkau: Sie sprechen die Fusion durch Trägheitseinschluß an, wobei man mit Laserstrahlung oder leichteren oder schwereren Ionen kleine Pellets so schnell aufheizen möchte, daß in ihnen der Fusionsprozeß stattfinden kann. Das Problem ist, daß viele von diesen Forschungsarbeiten in ihren Ergebnissen noch nicht zugänglich sind. Soweit man aus Vorträgen und Übersichtsartikeln entnehmen kann, ist der Stand dieser Fusion aber gegenüber der mit magnetischem Einschluß noch um einige Jahre zurück.

Herr Rollnik: Und wie steht es mit der Verwendung von schweren Ionen?

Herr Pinkau: In der Tat sollten schwere Ionen ein interessantes Mittel zur Aufheizung der Pellets sein. Bei leichteren und schwereren Ionen hat man den Vorteil, auf eine reichere Erfahrung im Beschleunigerbau zurückgreifen zu können. Wiederum gilt aber hier, daß die erreichte Verdichtung der Materialien noch weit hinter den Anforderungen zurückliegt.

Herr Stiller: Ich möchte nur noch sagen, wie gut unsere beiden Vorträge letztlich insofern zusammenkommen, als man, wenn man an die Nutzung der Fusion als Neutronenquelle zum Beispiel zum Herstellen von Spaltstoffen denkt, natürlich auch daran denken kann, die Spallation zum Brüten von Spaltstoffen einzusetzen.

Herr Schreyer: Sie haben das Wort „Asche aus dem Fusionsprozeß" verwendet. Wie sieht die denn aus? Was ist das für ein Stoff? Das hängt wahrscheinlich vom Material ab.

Herr Pinkau: Die Asche des Fusionsprozesses ist Helium.

Herr Schreyer: Aber gibt es keine Festkörper, die in Form von größeren radioaktiven Kernen entstehen?

Herr Pinkau: Natürlich wird die Wand des Fusionsreaktors durch die Neutronen aktiviert. Die Wand wird auch durch das Plasma belastet und etwa durch Sputtering entsteht ein Plasma mit hoher Kernladungszahl, welches sehr schädlich für den Fusionsprozeß ist. Deshalb muß man besondere Vorkehrungen treffen, das Plasma sauber zu halten.

Herr Schreyer: Und in der Wand entsteht kein radioaktives Material? Ich denke jetzt wieder an Endlagerungsprobleme.

Herr Pinkau: An der Wand entsteht radioaktives Material durch die Neutronenbestrahlung, wie ich bereits oben ausführte. Das Ziel der Materialentwicklung muß es letzten Endes sein, solche Wandmaterialien einzusetzen, die keine Probleme bei der Endlagerung bereiten, etwa dadurch, daß die Aktivität genügend rasch abklingt.

Veröffentlichungen
der Rheinisch-Westfälischen Akademie der Wissenschaften

Neuerscheinungen 1978 bis 1983

Vorträge N
Heft Nr.

NATUR-, INGENIEUR- UND WIRTSCHAFTSWISSENSCHAFTEN

Nr.	Autor	Titel
272	Dietrich W. Lübbers, Dortmund	Die Sauerstoffversorgung der Warmblüterorgane unter normalen und pathologischen Bedingungen
	Gerhard Neuweiler, Frankfurt/M.	Die Echoortung der Fledermäuse
273	Ulrich Bonse, Dortmund	Interferometrie mit Röntgen- und Neutronenstrahlen
	Horst Stegemeyer, Paderborn	Flüssige Kristalle: Strukturen, Eigenschaften und Bedeutung
274	Kurt Fränz, Ulm	Humanismus und Technik – Variationen über ein altes Thema
275	Joseph Rutenfranz, Dortmund	Arbeitsphysiologische Grundprobleme von Nacht- und Schichtarbeit
	Rainer Bernotat, Meckenheim	Ergonomische Gestaltung von Mensch-Maschine-Systemen
276	Gerhard Fels, Kiel	Wiederbelebung der privaten Investitionstätigkeit als wirtschaftspolitische Aufgabe
	Herbert Hax, Köln	Finanzwirtschaftliche Planung in der Unternehmung bei Geldentwertung
277	Friedrich Liebau, Kiel	Fortschritte auf dem Gebiet der Kristallchemie der Silikate
278	Heinrich Kuttruff, Aachen	Gelöste und ungelöste Fragen der Konzertsaalakustik
	Hermann Schenck, Aachen	Prosperität und Handlungsfreiheit der Stahlindustrie im Kraftfeld konjunktureller und struktureller Bewegungen
279	Joseph Straub, Köln	Züchtungsforschung im Dienste der Ernährung Jahresfeier am 3. Mai 1978
280	Heinrich Mandel, Essen	Die Kernenergie im Spannungsfeld zwischen wirtschaftlicher Nutzung und öffentlicher Billigung
281	Wolfgang Zerna, Bochum	Probleme des Spannbetons
	Karl Kordina, Braunschweig	Über das Brandverhalten von Bauteilen und Bauwerken
282	Werner H. Hauss, Münster	Über die Möglichkeit, Koronarsklerose und Herzinfarkt zu verhüten und zu behandeln
	Ludwig E. Feinendegen, Jülich	Externe Messung von Herzstruktur und -funktion
283	Gotthilf Hempel, Kiel	Meeresfischerei als ökologisches Problem
	Eugen Seibold, Kiel	Rohstoffe in der Tiefsee – Geologische Aspekte
284	Heinz-Günther Wittmann, Berlin	Ribosomen und Proteinbiosynthese
285	Helmut Domke, Aachen	Sicherungsmaßnahmen gegen Bergschäden und Erdbeben
	Friedrich-Wilhelm Gundlach, Berlin	Der Einfluß des Regens auf die Ausbreitung von Mikrowellen
286	Horst Rollnik, Bonn	Ideen und Experimente für eine einheitliche Theorie der Materie
287	John C. Harsanyi, Berkeley, Bonn	A new solution concept for both cooperative and noncooperative games
	Reinhard Selten, Bielefeld	Experimentelle Wirtschaftsforschung
288	Friedrich Hund, Göttingen	Die Rolle des Dualismus Welle-Teilchen beim Werden der Quantentheorie
	Claus Müller, Aachen	Neue Verfahren zur Lösung der elliptischen Randwertprobleme der Mathematischen Physik
289	Ulrich Hütter, Stuttgart	Moderne Windturbinen
	Rudolf Schulten, Jülich	Kernenergietechnik heute
290	Paul Arthur Mäcke, Aachen	Planerische Möglichkeiten für einen humanen Stadtverkehr
	Karlheinz Roik, Bochum	Schrägseilbrücken – Beispiele und Entwicklungstendenzen im modernen Stahlbrückenbau
291	Stefan Vogel, Wien	Florengeschichte im Spiegel blütenökologischer Erkenntnisse
	Walter Larcher, Innsbruck	Klimastreß im Gebirge – Adaptationstraining und Selektionsfilter für Pflanzen
292	Günther Gerisch, Basel	Periodische Enzymaktivierung als Kontrollfaktor multizellulärer Entwicklung
	Jens Blauert, Bochum	Neuere Ergebnisse zum räumlichen Hören
293	Franz Grosse-Brockhoff, Düsseldorf	Herzbehandlung mit dem ‚Fingerhut' einst und jetzt
294	Norbert Kloten, Stuttgart	Das Europäische Währungssystem. Eine europäische Grundentscheidung im Rückblick
295	Karl Schindler, Bochum	Die Magnetosphäre der Erde und ihre Dynamik
296	Eugene P. Cronkite, New York	The hungry granulocyte – Its fate and regulation of production
297	Volker Aschoff, Aachen	Aus der Geschichte der Telegraphen-Codes
	Hans Dieter Lüke, Aachen	Moderne Probleme der Nachrichten-Codierung

298	Karl Kremer, Düsseldorf	Kunststoffe in der Chirurgie
	Gerd Meyer-Schwickerath, Essen	Augenoperationen in mikroskopischen Dimensionen
299	Wolfgang Backé, Aachen	Die Rolle der Fluidtechnik bei der Entwicklung neuartiger Maschinenkonzepte
	Rolf Staufenbiel, Aachen	Entwicklung des zivilen Luftverkehrs unter den Aspekten der Umweltbelastung und dem Zwang von Energieersparnis
300	Hans Adolf Krebs, Oxford	On asking the right kind of question in biological research
	Jozef Schell, Köln	Neue Aussichten für die Pflanzenzüchtung: Gen-Übertragung mit dem Ti-Plasmid
301	Gerhard M. Schneider, Bochum	Fluide Mischungen bei hohen Drücken
	Albrecht Maas, Bonn	Direktbeobachtung und Analyse von Kristallwachstumsvorgängen im hochauflösenden Transmissions-Elektronenmikrospkop
302	Albrecht Rabenau, Stuttgart	Lithiumnitrid und verwandte Stoffe
	Ulrich Wannagat, Braunschweig	Sila-Substitutionen
303	Hans K. Schneider, Köln	Wirtschaftliches Wachstum – trotz erschöpfbarer natürlicher Ressourcen? Jahresfeier am 11. Juni 1980
304	Hermann Flohn, Bonn	Kohlendioxyd, Spurengase und Glashauseffekt: ihre Rolle für die Zukunft unseres Klimas
305	Heinz Duddeck, Braunschweig	Die Entwicklung der technischen Wissenschaft ‚Tunnelbau'
	Wolfgang Zerna, Bochum	Tanks für kryogene Flüssigkeiten
306	Harald Schäfer, Münster	Der Einfluß von Gasen auf die Reaktionsfähigkeit fester Stoffe
	Herbert Döring, Aachen	75 Jahre Hochvakuumelektronenröhren
307	Hans J. Zassenhaus, Ohio	Über die konstruktive Behandlung mathematischer Probleme
	Max Koecher, Münster	Von Matrizen zu Jordan-Tripelsystemen
308	William F. Pohl, Minnesota	The Application of Global Differential Geometry to the Investigation of Topological Enzymes and the Spatial Structure of Polymers
	Lothar Jaenicke, Köln	Chemotaxis – Signalaufnahme und Respons einzelliger Lebewesen
309	Harald Ibach, Jülich/Aachen	Zur Physik und Chemie der Festkörperoberfläche
310	Edmond Malinvaud, Paris	La profitabilité comme facteur de l'investissement
	Burkart Lutz, München	Einige Aspekte von Theorie und Empirie segmentierter Arbeitsmärkte
311	Hans Jürgen Schmitt, Aachen	Der Mensch im elektromagnetischen Feld
	Günter Rau, Aachen	Ergonomie in der Medizin
312	Klaus Heckmann, Münster	Über omikron-Partikel und andere Symbionten von Ciliaten
	Detlev Riesner, Düsseldorf	Viroide: Struktur und Funktion der kleinsten Krankheitserreger
313	Sven Effert, Aachen	Arrhythmien des Herzens
314	Kurt Schmidt, Mainz	Verlockungen und Gefahren der Schattenwirtschaft
315	Eckart Reiche, Krefeld	Tagebau Hambach: Voraussetzungen – Probleme – Lösungen
	Hans-Ulrich Schmincke, Bochum	Vulkane und ihre Wurzeln
316	Roland Kammel, Berlin	Umweltschutz durch Abwasserelektrolyse
	Ernst-Ulrich Reuther, Aachen	Zur Problematik tiefer Bergwerke
317	Wilfried König, Aachen	Fertigungstechnologie in den neunziger Jahren
	Manfred Weck, Aachen	Werkzeugmaschinen im Wandel
318	Heinz Maier-Leibnitz, München	Die Wirkung bedeutender Forscher und Lehrer – Erlebtes aus fünfzig Jahren
	Reimar Lüst, München	Derzeitige Bedingungen und Möglichkeiten für Forschung in der Bundesrepublik Deutschland
319	Theo Mayer-Kuckuk, Bonn	Hermes und das Schaf – interdisziplinäre Anwendungen kernphysikalischer Beschleuniger
320	Gustav V. R. Born, London	Die Rolle der Thrombozyten bei der Athero- und Thrombogenese
321	Siegfried Großmann, Marburg	Deterministisches Chaos
	Günter Harder, Bonn	Experimente in der Mathematik
322	1. Akademie-Forum	Technische Innovationen und Wirtschaftskraft
323	Manfred Depenbrock, Bochum	Energieumformung und Leistungssteuerung bei einer modernen Universallokomotive
324	Franz Pischinger, Aachen	Möglichkeiten zur Energieeinsparung beim Teillastbetrieb von Kraftfahrzeugmotoren
	Dietrich Neumann, Köln	Die zeitliche Programmierung von Tieren auf periodische Umweltbedingungen
325	Hans-Georg von Schnering, Stuttgart	Clusteranionen: Struktur und Eigenschaften
	Arndt Simon, Stuttgart	Neue Entwicklungen in der Chemie metallreicher Verbindungen
326	Fritz Führ, Jülich	Praxisnahe Traceversuche zum Verbleib von Pflanzenschutzwirkstoffen im Agrarökosystem
	Hermann Sahm, Jülich	Biogasbildung und anaerobe Abwasserreinigung
327	Hans-Heinrich Stiller, Jülich/Münster	Das Projekt Spallations-Neutronenquelle
	Klaus Pinkau, Garching	Stand und Aussichten der Kernfusion mit magnetischem Einschluß

ABHANDLUNGEN

Band Nr.

36	Iselin Gundermann, Bonn	Untersuchungen zum Gebetbüchlein der Herzogin Dorothea von Preußen
37	Ulrich Eisenhardt, Bonn	Die weltliche Gerichtsbarkeit der Offizialate in Köln, Bonn und Werl im 18. Jahrhundert
38	Max Braubach, Bonn	Bonner Professoren und Studenten in den Revolutionsjahren 1848/49
39	Henning Bock (Bearb.), Berlin	Adolf von Hildebrand, Gesammelte Schriften zur Kunst
40	Geo Widengren, Uppsala	Der Feudalismus im alten Iran
41	Albrecht Dihle, Köln	Homer-Probleme
42	Frank Reuter, Erlangen	Funkmeß. Die Entwicklung und der Einsatz des RADAR-Verfahrens in Deutschland bis zum Ende des Zweiten Weltkrieges
43	Otto Eißfeldt, Halle, und Karl Heinrich Rengstorf, Münster (Hrsg.)	Briefwechsel zwischen Franz Delitzsch und Wolf Wilhelm Graf Baudissin 1866–1890
44	Reiner Haussherr, Bonn	Michelangelos Kruzifixus für Vittoria Colonna. Bemerkungen zu Ikonographie und theologischer Deutung
45	Gerd Kleinheyer, Regensburg	Zur Rechtsgestalt von Akkusationsprozeß und peinlicher Frage im frühen 17. Jahrhundert. Ein Regensburger Anklageprozeß vor dem Reichshofrat. Anhang: Der Statt Regenspurg Peinliche Gerichtsordnung
46	Heinrich Lausberg, Münster	Das Sonett *Les Grenades* von Paul Valéry
47	Jochen Schröder, Bonn	Internationale Zuständigkeit. Entwurf eines Systems von Zuständigkeitsinteressen im zwischenstaatlichen Privatverfahrensrecht aufgrund rechtshistorischer, rechtsvergleichender und rechtspolitischer Betrachtungen
48	Günther Stökl, Köln	Testament und Siegel Ivans IV.
49	Michael Weiers, Bonn	Die Sprache der Moghol der Provinz Herat in Afghanistan
50	Walther Heissig (Hrsg.), Bonn	Schriftliche Quellen in Moġolī. 1. Teil: Texte in Faksimile
51	Thea Buyken, Köln	Die Constitutionen von Melfi und das Jus Francorum
52	Jörg-Ulrich Fechner, Bochum	Erfahrene und erfundene Landschaft. Aurelio de'Giorgi Bertòlas Deutschlandbild und die Begründung der Rheinromantik
53	Johann Schwartzkopff (Red.), Bochum	Symposium „Mechanoreception"
54	Richard Glasser, Neustadt a. d. Weinstr.	Über den Begriff des Oberflächlichen in der Romania
55	Elmar Edel, Bonn	Die Felsgräbernekropole der Qubbet el Hawa bei Assuan. II. Abteilung: Die altheiratischen Topfaufschriften aus den Grabungsjahren 1972 und 1973
56	Harald von Petrikovits, Bonn	Die Innenbauten römischer Legionslager während der Prinzipatszeit
57	Harm P. Westermann u. a., Bielefeld	Einstufige Juristenausbildung. Kolloquium über die Entwicklung und Erprobung des Modells im Land Nordrhein-Westfalen
58	Herbert Hesmer, Bonn	Leben und Werk von Dietrich Brandis (1824–1907) – Begründer der tropischen Forstwirtschaft. Förderer der forstlichen Entwicklung in den USA. Botaniker und Ökologe
59	Michael Weiers, Bonn	Schriftliche Quellen in Moġolī, 2. Teil: Bearbeitung der Texte
60	Reiner Haussherr, Bonn	Rembrandts Jacobssegen Überlegungen zur Deutung des Gemäldes in der Kasseler Galerie
61	Heinrich Lausberg, Münster	Der Hymnus ›Ave maris stella‹
62	Michael Weiers, Bonn	Schriftliche Quellen in Moġolī, 3. Teil: Poesie der Mogholen
63	Werner H. Hauss, Münster Robert W. Wissler, Chicago, Rolf Lehmann, Münster	International Symposium 'State of Prevention and Therapy in Human Arteriosclerosis and in Animal Models'
64	Heinrich Lausberg, Münster	Der Hymnus ›Veni Creator Spiritus‹
65	Nikolaus Himmelmann, Bonn	Über Hirten-Genre in der antiken Kunst
66	Elmar Edel, Bonn	Die Felsgräbernekropole der Qubbet el Hawa bei Assuan. Paläographie der altheiratischen Gefäßaufschriften aus den Grabungsjahren 1960 bis 1973
67	Elmar Edel, Bonn	Hieroglyphische Inschriften des Alten Reiches
68	Wolfgang Ehrhardt, Athen	Das Akademische Kunstmuseum der Universität Bonn unter der Direktion von Friedrich Gottlieb Welcker und Otto Jahn
69	Walther Heissig, Bonn	Geser-Studien. Untersuchungen zu den Erzählstoffen in den „neuen" Kapiteln des mongolischen Geser-Zyklus
70	Werner H. Hauss, Münster Robert W. Wissler, Chicago	Second Münster International Arteriosclerosis Symposium: Clinical Implications of Recent Research Results in Arteriosclerosis

Sonderreihe
PAPYROLOGICA COLONIENSIA

Vol. I

Aloys Kehl, Köln   Der Psalmenkommentar von Tura, Quaternio IX

Vol. II

Erich Lüddeckens, Würzburg,   Demotische und Koptische Texte
P. Angelicus Kropp O. P., Klausen,
Alfred Hermann und Manfred Weber, Köln

Vol. III

Stephanie West, Oxford   The Ptolemaic Papyri of Homer

Vol. IV

Ursula Hagedorn und Dieter Hagedorn, Köln,   Das Archiv des Petaus (P. Petaus)
Louise C. Youtie und Herbert C. Youtie, Ann Arbor

Vol. V

Angelo Geißen, Köln   Katalog Alexandrinischer Kaisermünzen der Sammlung des Instituts für Alter-
Wolfram Weiser, Köln   tumskunde der Universität zu Köln
                                                 Band 1: Augustus-Trajan (Nr. 1–740)
                                                 Band 2: Hadrian-Antoninus Pius (Nr. 741–1994)
                                                 Band 3: Marc Aurel-Gallienus (Nr. 1995–3014)
                                                 Band 4: Claudius Gothicus–Domitius Domitianus, Gau-Prägungen, Anonyme
                                                                   Prägungen, Nachträge, Imitationen, Bleimünzen (Nr. 3015–3627)
                                                 Band 5: Indices zu den Bänden 1 bis 4

Vol. VI

J. David Thomas, Durham   The epistrategos in Ptolemaic and Roman Egypt
                                                Part 1: The Ptolemaic epistrategos
                                                 Part 2: The Roman epistrategos

Vol. VII

Bärbel Kramer und Robert Hübner (Bearb.), Köln   Kölner Papyri (P. Köln)
Bärbel Kramer und Dieter Hagedorn (Bearb.), Köln   Band 1
Bärbel Kramer, Michael Erler, Dieter Hagedorn   Band 2
und Robert Hübner (Bearb.), Köln   Band 3
Bärbel Kramer, Cornelia Römer   Band 4
und Dieter Hagedorn (Bearb.), Köln

Vol. VIII

Sayed Omar (Bearb.), Kairo   Das Archiv des Soterichos (P. Soterichos)

Vol. IX   Kölner ägyptische Papyri (P. Köln ägypt.)

Dieter Kurth, Heinz-Josef Thissen und   Band 1
Manfred Weber (Bearb.), Köln

Vol. X

Jeffrey S. Rusten, Cambridge, Mass.   Dionysius Scytobrachion

Vol. XI

Wolfram Weiser, Köln   Katalog der Bithynischen Münzen der Sammlung des Instituts für Altertums-
                                                 kunde der Universität zu Köln
                                                 Band 1: Nikaia. Mit einer Untersuchung der Prägesysteme und Gegenstempel

**Verzeichnisse sämtlicher Veröffentlichungen der
Rheinisch-Westfälischen Akademie der Wissenschaften können beim
Westdeutschen Verlag GmbH, Postfach 30 06 20, 5090 Leverkusen 3 (Opladen),
angefordert werden**

MIX
Papier aus verantwortungsvollen Quellen
Paper from responsible sources
FSC® C105338

If you have any concerns about our products,
you can contact us on
ProductSafety@springernature.com

In case Publisher is established outside the EU,
the EU authorized representative is:
**Springer Nature Customer Service Center GmbH
Europaplatz 3, 69115 Heidelberg, Germany**

Printed by Libri Plureos GmbH
in Hamburg, Germany